V.2214
—3.

20560

TRAITÉ

D'OPTIQUE MECHANIQUE,

Dans lequel on donne les régles & les proportions qu'il faut observer pour faire toutes sortes de Lunettes d'approche , Microscopes simples & composés , & autres Ouvrages qui dépendent de l'Art.

Avec une instruction sur l'usage des Lunettes ou Conserves pour toutes sortes de vûes.

Par M. THOMIN , *Ingénieur en Optique, de la Société des Arts.*

A PARIS,

Chez { JEAN-BAPTIST COIGNARD.
ANTOINE BOUDET , rue S. Jacques.

MDCCXLIX.

Avec Approbation & Privilege du Roi.

A MONSEIGNEUR

LE CHANCELIER

GARDE DES SCEAUX DE FRANCE.

MONSEIGNEUR,

LE Traité que j'annonce aujour-
d'hui a cela de commun avec plusieurs
excellents Ouvrages, qu'il doit son ori-
gine au zéle de VOTRE GRANDEUR
pour le bien public & la perfection
des Sciences & des Arts. Je n'aurois jamais eu la hardiesse de l'entre-
prendre, si je n'avois pas été encouragé
par les ordres dont vous m'avez honoré.
J'ose vous l'offrir, MONSEIGNEUR,
ce fruit de mes Expériences & de mes

EPITRE.

réflexions, comme un témoignage de mon obéissance. Il est assez considérable par l'importance de la matiere, dès-là que vous l'avez jugé digne de vos attentions. Paroissant sous vos Auspices, mon insuffisance peut seule en diminuer le prix.

Cette derniere circonstance m'interdit l'éloge des Vertus éclatantes, & des Lumieres supérieures qui vous assûrent dans l'Empire des Lettres un rang égal à celui que vous occupez dans la Magistrature; mais elle ne sçauroit affoiblir la vive admiration, & le profond respect avec lesquels j'ai l'honneur d'être,

MONSEIGNEUR,

DE VOTRE GRANDEUR,

Le très-humble & très-obéissant Serviteur, M. M. THOMIN.

PREFACE.

TOut ce que les plus sçavans Auteurs ont jusqu'à présent écrit sur l'Optique, appartient moins à la Pratique qu'à la Théorie. J'ai entrepris de suppléer à ce défaut, en réduisant en préceptes les proportions & les combinaisons nécessaires pour la construction des Verres optiques, à mesure que l'expérience m'en démontroit la justesse. Dans l'exécution de ce dessein, j'ai eu principalement en vûe, ceux d'entre les Artistes qui ont besoin d'être instruits, pour suivre avec méthode & avec connoissance les divers procédés qui appartiennent à leur profession.

a iij

Il eſt certain que la plûpart des Ouvriers ignorent juſqu'aux termes de leur Art. Pour me mettre à leur portée, j'ai évité, autant que je l'ai pû, de me ſervir des expreſſions ſçavantes, inuſitées parmi eux : & lorſque la néceſſité m'a contraint d'en employer quelques-unes, j'ai pris ſoin de les expliquer. Cet Ouvrage, qui eſt extrémement abrégé, quoiqu'inférieur à ceux que les grands Maîtres ont écrit ſur cette matiere en différentes langues, ne laiſſera pas d'être utile aux Artiſtes qui ont du talent, & qui ne ſçavent que le François : car j'ai tranſporté ici une infinité de connoiſſances éparſes dans les Livres étrangers qui n'ont pas été traduits, ou dont les Exemplaires ſont très-rares.

Un Livre tel que celui-ci ne peut ſe paſſer de Planches & de démonſtrations ; mais je ne les ai employées que dans les cas, où relativement au méchaniſme, l'exactitude des opérations exigeoit l'intelligence de certaines proportions de Géometrie, néceſſairement liées avec les principes de l'Optique. Hors de-là j'ai cru devoir épargner à mes Lecteurs la peine & le dégoût de comparer ſans ceſſe les figures avec le diſcours, & de parcourir les lettres alphabetiques qui les accompagnent : exercice qui demande un genre d'application dont quelques-uns ne ſont pas capables.

Peu verſé dans l'Art d'écrire, & uniquement occupé des recherches qui pouvoient me conduire à la perfection du Méchaniſme de ma profeſſion, on ne ſera pas ſurpris que j'aye négligé cette partie, où les Auteurs François excellent aujourd'hui , & qui eſt ſi propre à attacher le Lecteur , je veux dire la pureté de la diction, & les graces du ſtyle. Comme c'eſt l'intérêt public qui m'a engagé à mettre cet Ouvrage au jour , de même que les Réflexions qui en compoſent la ſeconde Partie , j'eſpere qu'on me fera grace ſur l'élocution. Mais quant à ce qui regarde le fond & l'objet de mon Art, je prie les Connoiſſeurs de me juger dans la plus grande ſévérité. J'ai pû me tromper, & je ne préſume pas aſſez de mes lumieres , pour douter que je ne me ſois effective- ment trompé en quelques points : il eſt important que mes fautes en ce genre ſoient relevées. Une critique vraie, loin de me chagri- ner, me cauſera d'autant plus de joie , qu'elle concourra plus ſû- rement au but que je me ſuis proposé, qui est d'une part, l'instruction des Artistes ; & de l'autre, la multiplication des connoissances nécessaires au Public sur l'usage journalier des Lunettes. Leur choix est d'autant plus important, qu'on ne sçauroit se procurer par elles un véritable & solide secours en les prenant au hazard ; il faut avoir égard à la disposition actuelle de l'organe, & se proportionner à ses besoins : sans cette attention on s'expose à des inconvéniens qui rendent les Lunettes nuisibles plûtôt qu'avantageuses, ou qui mettent avant le tems dans la nécessité d'y avoir recours.

Pour ne rien laisser à désirer sur cet article, j'indique des moyens simples & naturels de conserver sa vûe, & de se conduire soi-même dans le choix des Lunettes, lorsque l'âge, les infirmités, ou les occupations d'état nous y obligent. On trouvera à la fin de ce Traité une dissertation sur le retablissement de la vûe dans quelques sujets âgés. L'explication de ce Phénomene fournira un motif de consolation ou d'espérance à ceux qui craignant le dépérissement total de leur vûe, ne peuvent se resoudre à porter des Lunettes.

Je termine mon Ouvrage par l'exposition de trois difficultés, dont la solution peut jetter de grandes lumieres sur le travail des Artistes, & rectifier les jugemens du Public. Il me paroît même que la perfection de la Dioptrique-pratique en dépend. J'ose espérer que les Sçavants, animés du zéle du bien commun, voudront bien prendre la peine d'examiner & de résoudre ces trois Problêmes.

Depuis la publication d'un Essai que j'ai donné en 1746. pour servir d'instruction sur l'usage des Lunettes, j'ai vû avec satisfaction que plusieurs personnes n'en portoient plus, parce qu'elles ont compris que cet usage étoit prématuré à leur égard ; d'autres ont changé d'avis sur le choix des Lunettes, & ont appris à discerner celles qui leur convenoient. Il y a des particuliers, sur-tout de la Province, qui se sont exercés avec succès à déterminer la portée de leur vûe, & sont ainsi devenus capables de juger par eux-mêmes, si les Lunettes qu'ils faisoient venir de Paris, étoient proportionnées à leurs besoins.

C'est pour étendre & perfectionner ce premier Ouvrage, que j'ai composé celui que je donne aujourd'hui, qui, comme je l'espere , produira des fruits encore plus confidérables. J'aurois voulu le donner plûtôt; mais les occupations indifpenfables de ma profeffion m'ont obligé de différer l'exécution de mon projet.

TRAITE'

TRAITÉ

D'OPTIQUE MECHANIQUE.

NOTIONS PRELIMINAIRES.

De l'Optique.

L'OPTIQUE eſt la ſcience de la viſion ; elle fait partie des Mathématiques , en ce que toutes ſes opérations dépendent du cercle & de l'angle : cette ſcience nous enſeigne de quelle maniere la viſion ſe fait dans l'œil, ſon nom eſt tiré d'un mot Grec qui ſignifie voir , regarder ; comme il y a trois ſortes de

A

de vifions, l'Optique eft divifée en trois efpèces; l'Optique proprement dite, la Catoptrique & la Dioptrique. Il me paroît à propos, avant de parcourir les membres de cette divifion, de donner une idée générale du cercle & de l'angle, pour fervir en quelque forte de prélude géométrique à tout ce que nous allons dire des opérations & des inftrumens de la Catoptrique & de la Dioptrique, notions néceffaires & relatives à l'Optique pour entendre plus parfaitement le méchanifme de l'art, compofé des deux dernieres parties de notre divifion, qui peuvent être fpéculatives ou pratiques; fpéculatives fi l'on entreprend de donner les raifons de leurs effets, & pratiques fi elles prefcrivent des régles, & donnent des proportions pour parvenir à l'exécution; c'eft de ces deux façons que je me fuis propofé de traiter cette fcience; il feroit à fouhaiter que les Artiftes poffédaffent l'une & l'autre.

Idée du cercle en général.

Le *cercle* eſt une figure compriſe ſous une ſeule ligne. Voyez la premiere figure de la premiere planche A. A. en un cercle; le point B. qui eſt au milieu eſt appellé *centre*. Le centre eſt également éloigné de tous ces points de la *circonférence* A. C. A. D. Les lignes que l'on tire de ce point ſont toutes égales entre elles. Tout cercle ſe diviſe en 360 parties appellées degrés. Ces parties ſont toutes proportionnelles; c'eſt-à-dire, plus grandes dans les grands cercles , & plus petites dans les petits. 180. degrés font par conſéquent le demi - cercle , & 90. le quart du cercle.

On entend par *diametre* du cercle une ligne comme C. D. qui du point C. de la circonférence paſſent par le centre B. & s'étend juſqu'à l'autre point D. de la même circonférence; la moitié B. D. ou B. C. s'appelle *demi-diametre* ou rayon. Le rayon donne la

A ij

mesure du cercle entier. Les lignes inscrites dans le cercle & qui ne passent pas par le centre, sont appellées cordes, & servent à terminer des *arcs de cercle* de différentes grandeurs. Voyez figure II. 1re planche. Un compas dont les deux pointes sont écartées selon la longueur du demi-diametre A. B. d'un cercle quelconque, sert à former des arcs de cercle pour avoir des calibres de toutes espèces, comme on le dira dans la suite en parlant des instrumens propres à exécuter les ouvrages d'Optique.

Idée de l'angle en général.

L'angle est le concours de deux lignes à un point, comme A. C. & B. C. au point C. figure II. de la 1re planche. La grandeur de l'angle A. C. B. ne dépend pas de la grandeur des lignes qui le forment, mais de leur ouverture, laquelle se mesure par la quantité de l'arc de cercle qu'elle comprend. Ainsi l'arc A. B. est la mesure de l'angle A. C. B.

de sorte qu'en supposant les lignes A.C. & B.C. plus grandes ou plus petites, la quantité de l'angle A.C.B. reste toujours la même.

Tout cercle étant également divisé en 360 degrés, quand l'arc compris entre les côtés de l'angle est de 90 degrés, l'angle est droit; quand il en a plus de 90, il est obtus; quand il en a moins, il est aigu. Tout angle est plan ou solide. Le plan est formé par la rencontre de deux lignes ou de deux superficies planes. Le solide est fait de 3. superficies planes. L'angle plan est ou rectiligne, ou curviligne, ou mixte. Le rectiligne est formé de deux lignes droites. Le curviligne de deux courbes, par exemple de deux arcs de cercle qui se coupent, tels sont les angles d'un verre convexe des deux côtés. Voyez la III. figure 1re planche. Le mixte est fait d'une ligne droite & d'une ligne courbe, tel que ceux d'un verre plan d'un côté, & convexe de l'autre, figure IV. On traite encore en Optique de trois sortes d'an-

A iij

gles; angle d'incidence, angle de réflexion, & angle intérieur de vision. Nous en parlerons dans le corps de cet Ouvrage. Voilà tout ce que je puis dire de plus clair & de plus précis. Disons maintenant quelque chose de la lumiere, afin de rendre la définition de l'Optique plus sensible. Il y a trois choses à considérer dans la lumiere par le moyen de laquelle se fait la vision : ce sont la propagation, la réflexion, & la réfraction.

La propagation de la lumiere est l'action par laquelle elle se répand sur toutes sortes d'objets.

La réflexion est l'action par laquelle la lumiere répandue sur les objets, rejaillit à nos yeux.

La réfraction est l'action par laquelle la lumiere qui passe obliquement d'un milieu dans un autre, de l'air, par exemple, sur le verre, se détourne plus ou moins de la ligne droite, en s'approchant ou s'éloignant de la perpendiculaire. Voyez la figure du verre convexe, & celle du verre concave, elles vous rendront l'une & l'autre, cette derniere action de la lumiere plus senfible , figure V. & VI. 1re planche.

Les rayons de lumiere A. A. figure V. qui viennent de l'air tomber fur le verre convexe B. B. fe brifent deux fois; 1°. en entrant par C. C. 2°. en fortant par D. D. & en s'approchant les uns des autres, s'approchent de l'axe E F. On appelle axe le rayon qui tombe perpendiculairement , & qui par conféquent ne fouffre point de réfraction. Ces mêmes rayons de lumiere continuent de s'approcher les uns des autres, lorfqu'en fortant ils s'éloignent de la perpendiculaire D. D. On entend ici par perpendiculaire , une ligne droite tirée du centre du verre. Le point de réunion F. où ils fe croifent , eft la pointe du foyer du verre, qui produit le même effet d'un côté comme de l'autre. Cette réunion s'appelle *convergence de rayons.*

A l'égard du verre concave, figure VI. 1re planche, les rayons paralleles de la lumiere G. G. qui entrent dans le verre H. H. s'éloignent les uns des autres en s'éloignant de l'axe I. I. & s'approchant de la perpendiculaire K. Lorſque ces mêmes rayons ſortent, ils continuent de s'éloigner les uns des au-tres en s'écartant de l'axe I. I. & de la perpendiculaire L. L. Cet écart s'ap-pelle *divergence de rayons*.

C'eſt la différente réſiſtance des mi-lieux qui eſt cauſe que les rayons obli-ques de lumiere paſſant d'un milieu dans un autre, s'éloignent ou s'appro-chent de la ligne perpendiculaire, qu'on conçoit tirée du centre de la courbure des verres dioptriques. Revenons main-tenant à la premiere partie de notre di-viſion.

L'Optique proprement dite, conſi-dere la viſion qui ſe fait par des rayons de lumiere qui viennent directement & immédiatement de l'objet à l'œil, figure VII. A. A. eſt l'objet d'où partent les rayons de lumiere qui viennent frapper l'œil de celui qui regarde. B. eſt la pointe de l'angle que forment les rayons de lumiere qui partent du haut & du bas de cette tour. Plus nous en ſommes éloignés, plus elle nous paroît petite, parce qu'alors ces rayons forment un angle plus petit. Si nous approchons vers C. elle nous paroîtra beaucoup plus grande, parce que *l'angle de réflexion* va en s'élargiſſant à meſure que l'objet s'approche de nous, ou que nous nous approchons de lui. dans la *Catoptrique,* la viſion ſe fait des rayons qui ne vont pas immédiatement de l'objet à l'œil, mais qui n'y arrivent que par la réflexion de quelqu'autre corps, comme d'un miroir dont le propre eſt de réflechir. L'image des objets, voyez figure VIII. 1re planche. A eſt le miroir B. C. & B. E. ſont les rayons de lumiere qui partant du viſage B. B. de celui qui s'y regarde peignent ſon viſage ſur le miroir; d'où étant réflechis par l'oppoſition du miroir, (qui eſt une

glace étamée par derriere, pour empêcher fes rayons de paſſer outre,) ils reviennent à l'œil de la perſonne B. B.
On ſuppoſe en Catoptrique que l'angle
de réflexion eſt égal à l'angle d'incidence ; c'eſt-à-dire , que ſi le rayon
B. E. tombant obliquement ſur la ſurface plane C. C. forme avec cette ſurface l'angle B. E. C. de 80 degrés;
l'angle de réflexion C. E. B. ſera pareillement de 80 degrés. A l'égard des
rayons perpendiculaires, tels que B. C.
ils ſe réflechiſſent ſur eux-mêmes.

La Dioptrique traite des rayons briſés, & elle nous dirige dans la conſtruction des Lunettes. Nous venons d'apprendre qu'un rayon de lumiere paſſant
obliquement d'un milieu dans un autre,
ſe détourne en s'éloignant, ou en s'approchant de la perpendiculaire ; il s'en
éloigne, ſi le milieu dans lequel il entre eſt plus difficile à pénétrer que celui
d'où il ſort ; mais il s'en approche, ſi le
milieu dans lequel il paſſe eſt plus aiſé à
pénétrer que celui qu'il quitte : ainſi la

Dioptrique traite des routes de la lumiere à travers les corps transparens.

CHAPITRE PREMIER.

Des Instrumens dont on fait usage pour les opérations qui dépendent de l'Optique.

LE principal instrument pour la construction des verres optiques s'appelle bassin ; il y en a de deux sortes. Les uns sont concaves, & les autres convexes. Les premiers ressemblent à l'intérieur d'une calote, & les seconds à l'extérieur. Les uns servent à figurer des verres convexes, & les autres des concaves : Voyez figures IX. & X. Les uns & les autres font partie d'un cercle plus ou moins grand, selon le foyer que l'on veut donner aux verres. Si on veut, par exemple, des verres de 12 pouces de foyer, il les faut travailler dans un bassin de douze pouces. Or

comme le foyer d'un baffin fe trouve
à la diftance de deux fois le rayon de fa
courbure , pour connoître ce foyer
il ne s'agit que de connoître la mefure
du diametre de cette courbure. Nous
montrerons un peu plus bas la maniere
de trouver ce diametre , qu'il ne faut
pas confondre avec ce que nous appellons le diametre ou calibre du baffin ;
c'eft-à-dire, avec la ligne droite , qui
fert de corde à l'arc de fa courbure ;
car on fait rarement des baffins d'un
calibre égal au diametre entier du
cercle dont ils font partie. Il s'enfuit
de ce que l'on vient de dire, que pour
conftruire un baffin, il faut d'abord déterminer la grandeur du foyer que l'on
veut lui donner. Voyez fig. XI. & XII.
de la 1ʳᵉ planche. Le foyer une fois déterminé , vous tracez un arc de cercle
d'une corde quelconque, (qui néanmoins ne peut jamais excéder le diametre du cercle entier,) fur un carton
fin qu'il eft néceffaire de couper entierement, pour en donner un *calibre*

juſte à un Tourneur, qui à meſure qu'il dégroſſit l'intérieur du morceau de bois dont il veut faire le modéle, doit appliquer le calibre donné, juſqu'à ce qu'enfin la portion du cercle du calibre porte également par-tout d'un point de la circonférence du modéle au centre, & du centre à l'autre point oppoſé de la circonférence; enſorte qu'il n'y ait pas le moindre vuide entre le calibre donné & le modéle figuré, placé par oppoſition l'un ſur l'autre. Cela fait, donnez votre modèle à un Fondeur en cuivre, pour mouler deſſus un baſſin. Vous en aurez un au ſortir de la fonte qui ſera du foyer dont vous aurez donné le calibre.

La chaleur de la fonte occaſionnant néceſſairement certaines inégalités ou élevations des petites parties de la matiere, pour plus grande régularité, & afin d'avoir des baſſins propres à façonner & finir promptement des verres, il eſt à propos de les mettre entre les mains d'un habile Tourneur, pour réformer ces inégalités fur le tour, ce qui fe fait par la confrontation du calibre aux baffins. Je ne connois perfonne dans Paris plus capable de dreffer un modéle & tourner un baffin que Mr. Hezette, Maître Tabletier à l'Image S. Charles, au coin du Quai de l'Horloge du Palais, vis-à-vis le Méridien de la Ville, dont j'indique la demeure à ceux qui peuvent l'ignorer, pour leur procurer l'avantage que j'ai moi-même retiré de la connoif-fance de cet habile Artifte : avec des baffins fortis de fes mains, on fera plus fûr de la juftefle du foyer : que fi l'on prend le parti que prennent certains ouvriers, qui confifte à dégroffir les verres avec du grais ou de l'émery, en fuppofant même que cette opération fe fît dans la derniere régularité, enforte que la main n'appuyât pas plus d'un côté que de l'autre, (défaut affez commun parmi bien des gens qui ont le fecret de ren-dre très-défectueufe la courbure du baf-fin le plus exact,) on ne pourra jamais s'affurer de conferver le même foyer du bassin que l'on veut avoir, à moins qu'on ne figure plusieurs verres, & qu'on n'applique souvent le calibre au bassin, pour ôter les inégalités de l'élevation de la matiere, ce qui n'est pas le chemin le plus court.

A l'égard des bassins convexes, ce que nous venons de dire des concaves servira de régles pour les figurer. L'arc du cercle extérieur du carton découpé qui a donné le calibre intérieur du bassin concave, donnera le calibre pour le bassin convexe du même foyer. Le diametre de ces deux sortes de bassins ne passe guère 5 à 6 pouces, depuis les foyers de 8 pouces, jusqu'à ceux de 6 7 à 8 pieds. Les bassins d'un diametre plus considérables entraînent avec eux plus de difficultés, lorsqu'on veut réussir à faire des verres réguliers & propres. Voilà la raison qui a déterminé les Artistes à préférer un diametre inférieur à un plus long. Ceux qui font usage des bassins de fer battu ou corroyé, les font ordinairement d'un diametre plus grand, toujours proportionné cependant au diametre entier du cercle dont ils ont pris le foyer auquel ils font inférieurs de quelques lignes au moins. circonftance qui donne la commodité de pouvoir dégroffir plufieurs verres à la fois; mais en fuivant cette méthode, rarement les ouvriers confervent la régularité de la courbure, à caufe des changemens alternatifs de la main gauche à la main droite, qu'il eft néceffaire de faire de tems à autre pour les dégroffir avec une certaine exactitude. Cependant il eft néceffaire d'avoir de ces fortes de baffins, pour y figurer d'abord les verres qu'il faut en quelque forte facrifier à la confervation de la régularité de la courbure de ceux de cuivre, que l'on ne deftine qu'à adoucir les verres, pour enfuite les conduire au poli.

Nous venons d'apprendre la maniere de faire pour les baffins des calibres de tous foyers ; voici celle de connoître la courbure, & par conféquent le foyer de toutes fortes de baffins. Prenez

premierement

premiérement la mesure du diametre du baffin ; fecondement de la profondeur. Tirez une ligne droite un peu plus longue que le diametre du baffin : marquez deux points écartés l'un de l'autre de la longueur précife de ce diametre; au deffus de cette ligne faites un 3ᵉ point qui foit élevé perpendiculairement fur le milieu de cette ligne , & qui en foit éloigné de la profondeur jufte du baffin ; enfuite d'une des extrémités du diametre qui vous fervira de centre, ouvrez le compas à volonté pour former un arc de cercle, qui ne paffe pas cependant le point du milieu : faites-en autant à l'autre point oppofé avec la même ouverture de compas; puis du 3ᵉ point comme centre, tracez un troifiéme cercle qui coupera les deux premiers en deux endroits. Cela fait, tirez de chaque côté une ligne droite qui paffe par les fections de chacun des premiers cercles ; la rencontre de ces deux lignes qui fe couperont formera un angle, dont la pointe vous fervira de centre pour tracer un

B

dernier cercle dans lequel vos trois points doivent se trouver, & qui vous donne par conséquent la courbure de votre bassin, son calibre, & son diametre, lequel est égal, comme on l'a dit, à la distance du foyer : cette opération, dont les Géometres démontrent la justesse, s'appelle communément l'opération des trois points perdus. Elle sert à nous donner la profondeur & le calibre de toutes sortes de courbures intérieures. L'élévation des courbures extérieures & leurs diametres nous donnent pareillement leur foyer.

Pour rendre cette opération plus sensible, voyez la figure XIII. planche 1re. A. B. est une ligne droite longue à volonté. C. D. sont les deux points de la longueur du diametre du bassin dont on demande & le calibre & le foyer. E. est le point de convexité le plus élevé sur la ligne A. B. d'où se prend la mesure de la profondeur du bassin. G. H. est le premier arc du cercle. I. L. est le second. M. N. sont les deux sections du

premier arc de cercle. O. P. font celles du fecond. Q. S. & R. S. font
les lignes tranfverfalles des fections,
M. N. O. P. S. eft la pointe de l'angle
que forme la rencontre des lignes Q. S.
& R. S. La diftance depuis E. jufqu'à
S. eft la moitié de la longueur du foyer
du baffin, c'eft-à-dire, le rayon ou demi-diametre du cercle dont il fait portion. C. F. D. en eft le calibre.

Il eft une autre forte de baffins dont la
matiere n'eft ni cuivre ni fer, dont quelques Artiftes font ufage, & qui demandent quelques précautions pour leur
reftituer de tems en tems le foyer qu'une
certaine continuité d'exercice peut altérer. A cela près, ils font auffi propres que les baffins de cuivre pour faire
d'excellens verres. Ce font des fragmens de glace brute d'une épaiffeur
proportionnée au foyer qu'on leur veut
donner, & que l'on figure à force de
grais ou de gros émery dans d'autres
baffins. Lorfqu'ils ont reçû la courbure intérieure ou extérieure qu'on veut

leur donner, on les arrondit pour qu'ils ayent une figure circulaire moins sujette à inconvéniens, lorsqu'on façonne les verres, que n'en seroit une à pans.

Le dernier instrument dont on fait usage dans l'Optique, s'appelle communement *Rondeau*. C'est une espèce de bassin de fer ou de cuivre qui n'a aucun foyer, dont on se sert pour dresser un plan parfait; lorsqu'on veut façonner des verres convexes ou concaves d'un côté seulement, & s'assûrer que le plan du morceau de glace ne soit en aucune façon capable d'altérer ou changer le foyer du verre par une courbure qui lui seroit particuliere. Pour connoître si le plan d'un rondeau est parfait, il faut travailler dessus deux verres, & après les avoir douci & poli sur le même rondeau, il les faut appliquer l'un sur l'autre; si l'un enleve l'autre, le plan est parfait autant qu'il peut l'être, c'est-à-dire sensiblement : car on sçait qu'absolument parlant, il n'y a point de plan physique dont tous les points foient réellement de niveau. J'avoue que cette espèce de baffin eft de tous les inftrumens le plus difficile à rendre régulier, ou à réformer quand il a une fois perdu la perfection de fon plan, ce qui arrive très-aifément : on peut cependant le réparer en prenant un morceau de glace bien applani, de quoi il faut s'affûrer par l'application d'une régle bien droite. Enfuite on façonnera ce morceau de glace fur le rondeau; la friction réformera les petites courbures que l'inclination de la main auroit pû occafionner: mais en réformant le premier plan, le fecond fe trouvera facrifié. Voilà ce que l'expérience nous apprend tous les jours. Je laiffe aux Sçavans le foin d'en rendre raifon. Peut-être que le mouvement qu'on eft obligé de faire pour cette réforme & l'inégalité de l'appui de la main, eft la caufe de la courbure que prend le fecond plan ; car il en prend réellement une, quoiqu'à la vérité peu confidérable, comme de 400. pieds de foyer ; c'eft ce que l'on connoît évidemment par l'application d'une régle parfaitement droite, qui ne fe joint plus également à tous les points du plan. Voici maintenant la maniere de connoître l'irrégularité des baffins courbes.

Pour connoître l'irrégularité de toutes fortes de baffins en général, le poli eft la voie la plus fûre. Après avoir figuré un verre, (c'eft-à-dire après lui avoir fait prendre une premiere forme dans un baffin de fer,) & l'avoir douci dans un baffin de cuivre; fi le verre en le poliffant dans ce même baffin prend couleur au centre, c'eft une preuve qu'on a travaillé irrégulierement dans ce baffin, parce que le poli doit prendre généralement partout. Il ne s'enfuit pas pour cela que le centre doive être auffitôt perfectionné que la circonférence, parce que pour peu que l'épaiffeur du papier qui fert à polir les verres, & dont on va parler dans le Chapitre fuivant, ait changé la furface de la courbure du baffin, il faut néceffairement

que les bords du verre ſe déclarent avant
le centre d'un poli plus vif. Voici la
maniere de réformer l'irrégularité qu'on
a pû occaſionner à un baſſin: façonnez-y
des verres d'un tiers du diametre de votre baſſin, vous le réformerez. Cet exercice à la vérité ſera un peu long, & le
changera un peu de foyer : mais il eſt
plus avantageux d'avoir un baſſin, par
exemple de 12 pouces moins une ou
deux lignes, que d'en avoir un qui ſoit
de 12 pouces au centre, & de 14 ou 15
à la circonférence ; défaut commun de
tous les mauvais verres, qui vient auſſi-
bien de l'irrégularité du baſſin, que de
la mauvaiſe maniere de ceux qui en
travaillant un verre rendent le baſſin &
le verre auſſi mauvais l'un que l'autre.
Ceux qui travaillent leurs verres au tour,
ſont moins ſujets à rendre irréguliers
leurs baſſins, que ceux qui les font à la
main ſeulement, & quelques précautions que prennent les uns & les autres
pour conſerver la régularité de la courbure, leurs baſſins, à force de ſervir,

changent de foyer peu à peu, & deviennent d'un foyer plus court. Celui qui avoit d'abord 12 pouces, par exemple, par la suite vient à 11 pouces $\frac{1}{2}$, ou 11 pouces, & ainsi des autres à proportion.

Voici une derniere méthode pour réformer l'irrégularité des baffins, qui eft la plus fûre & la plus fuivie par les habiles Artiftes à Paris & ailleurs. Comme l'arc du cercle que l'on forme avec un compas fert à prendre différens foyers, felon les différentes ouvertures que l'on donne au compas, pour avoir des calibres de courbures intérieures; l'extérieur du carton découpé nous donne des calibres du même foyer pour les courbures de relief. Ces deux fortes de calibres nous ayant donnés deux fortes de baffins, dont on appelle le premier, baffin concave, & le fecond, baffin convexe, ou baffin en balle, ces deux fortes de baffins fe reforment l'un fur l'autre; c'eft-à-dire, que dans un baffin de douze pouces on réforme un baffin en balle de pareil foyer. On connoît, après les avoir travaillés un certain tems tous les deux ensemble l'un dans l'autre, ou l'un sur l'autre, les irrégularités qu'ils ont quelquefois contracté tous les deux; & on voit à certaines différences de couleur les inégalités de l'appui de la main de celui qui a travaillé dans l'un, ou sur l'autre. Il faut continuer cet exercice jusqu'à ce qu'elles disparoissent de tous les deux : cela fait, vous serez sûr d'avoir tout à la fois deux bassins réguliers. Si vous voulez encore plus vous convaincre de la perfection de ces deux sortes de bassins, faites un verre sur le bassin en balle, & un dans le bassin concave; & après les avoir polis chacun dans leurs bassins, appliquez-les l'un sur l'autre, le premier doit enlever le second; comme vos deux bassins doivent faire aussi à l'égard l'un de l'autre.

Ceux qui n'ont pas l'usage du tour, auront soin, s'ils veullent parvenir à une certaine exactitude pour la réforme de ces deux sortes de courbures intérieures

& extérieures, de changer de tems en tems de côté le baſſin concave ou convexe dans lequel ou ſur lequel ils feront cette réforme, parce que quelque habileté qu'un Artiſte ait acquis par ſon application & par un travail aſſidu & réflechi, la main a toujours une inverſion particuliere, dont on ne s'apperçoit pas à la vérité en travaillant, mais dont on connoît la réalité au poli, comme nous avons dit ci-devant : cela eſt ſi vrai, qu'en fait de verres objectifs de lunettes d'approche, on en fait rarement à la main pluſieurs de ſuite dans le même baſſin qui ſoient d'une égale perfection. Voilà ce qui doit obliger ceux qui travaillent à la main à réformer plus ſouvent leurs baſſins, que ceux qui travaillent au tour horizontal ou vertical. Je ne prétend pas dire pour cela que tous les verres des premiers ſoient inférieurs à ceux des derniers, parce que je ſçai qu'on en peut faire de parfaits à la main comme au tour. Mais avec ce dernier inſtrument, on ſera plus aſſûré de conferver la régularité de toutes fortes de courbures, & fuppofé même qu'en finiffant un verre, la main eût occafionné au baffin quelque léger défaut, cela ne fera jamais fenfible au poli : & en y façonnant un fecond verre, en deux ou trois coups de tour, ce défaut fera réformé. La régularité de toutes fortes de courbures donne aux verres de toutes fortes de foyers, la perfection dont la matiere eft fufceptible, & qu'il eft bien néceffaire de connoître pour donner la préférence à l'un plutôt qu'à l'autre, comme nous l'allons voir dans le Chapitre fuivant.

CHAPITRE SECOND.

Des Verres.

Remarques sur le travail des Verres.

LA glace est la matiere la plus convenable pour tous les ouvrages d'Optique ; mais comme il en est de deux sortes, sçavoir, des glaces soufflées, & des glaces coulées, les pores de celles-la ne se trouvant pas aussi droits que ceux de celles-ci, il faut par conséquent donner la préférence aux secondes, sur-tout pour faire des verres objectifs, qui demandent pour leur perfection la régularité de la matiere, comme celle de la façon ; il se trouve dans ces deux sortes de glaces trois sortes de défauts : impureté de matiere, points ou bouillons, & fils de verres.

On doit rejetter particulierement dans le choix des morceaux de glaces que l'on destine à faire des verres d'Optique, ceux où le premier & le dernier de ces défauts se rencontreroient. L'impureté, premier défaut, forme toujours un nuage semblable à une graisse fine ou poussiere légere ; & le dernier défaut, qui consiste dans ce qu'on appelle fils de verres, cause une convexité qui est extrêmement préjudiciable à la bonté d'un verre, comme à la vûe de ceux qui peuvent avoir besoin de se servir habituellement de lunettes. Le second défaut, (que nous avons nommé points ou bouillons,) vient des petites parties d'air qui sont entrées dans la matiere au tems de la fusion); c'est le moins dangereux pour la vûe; il n'empêche pas un objectif d'être fort bon, parce qu'un certain nombre de points dans un verre ne peut tout au plus que détourner ou intercepter une très-petite quantité de rayons de lumiere s'il est possible d'avoir de la matiere sans points, les verres en seront plus parfaits. Comme le défaut provenant des fils de verres est plus difficile à connoître que les deux

autres , parce que ces fils font une portion de la matiere du verre , plus dur à
la vérité que le reste , puisqu'ils gardent
une élevation que l'on peut aisément
distinguer des parties collaterales , &
qu'ils détournent felon toute leur capacité , les rayons de lumiere de la route
qu'ils devroient tenir. Il faut prendre
une loupe qui grossisse beaucoup , & regarder les morceaux de glace au grand
jour ; on s'assûrera par ce moyen d'une
maniere sensible de la préfence ou de
l'absence des fils.

Il n'est point de glace qui n'ait quelque
couleur:les Artistes ne font pas d'accord
fur celle qui mérite la préférence entre
le jaune & le blanc; les uns préférent
la couleur qui tire un peu fur le jaune,
à la blanche , qui semble n'avoir aucune
couleur; & d'autres à celle qui est plus
conforme à la couleur d'eau tirant un
peu fur le verd. J'ai vû d'excellens verres de l'une & l'autre teinte. J'avouerai
cependant qu'une matiere un peu jau-
nâtre me paroît plus propre que toute

autre à faire d'excellens objectifs, & qu'elle eſt moins ſujette à teindre des couleurs de l'Iris dans une lunette à deux ou à quatre verres. Peut-être ſuis-je prévenu en faveur de cette matiere, à cauſe du ſyſtême de Campana, le plus habile Dioptricien, à mon avis, qu'il y ait eu dans le monde ; j'ai ſuivi ſa mé-thode, qui n'eſt pas à la vérité la ſeule eſtimable, car nous avons à Paris d'ha-biles Artiſtes qui ſont arrivés au même point de perfection par un autre che-min. Tout ce que nous avons de verres de Campana ſont formés de matiere jaunes , & aſſez remplis de points ; mais on n'y trouve pas un fil de verre. S'il avoit eu, comme nous, la facilité de choiſir des verres dans une Manu-facture Royalle, il y a lieu de croire que ſes verres ſeroient encore plus par-faits qu'ils ne ſont. Mais il a été privé de ce ſecours.

Pour l'uſage journalier des lunettes, la matiere eſt de deux ſortes;celle qui eſt de couleur d'eau, & celle qui tire un

peu fur le jaune, mais le plus legere-
ment qu'il eft poffible. La premiere eft
avantageufe aux vûes foibles & longues;
elle rompt la lumiere avec une vivacité que l'applatiffement de leur criftallin commence à leur refufer. La feconde eft favorable aux vûes courtes,
en tempérant la trop grande force des
rayons; elle rend la vûe des objets d'une
maniere plus douce & plus proportionnée à la difpofition de ces perfonnes,
qui la plûpart, s'il m'eft permis de parler
ainfi, femblent s'applaudir davantage de
la fineffe de leur vûe, lorfqu'elles en
font ufage dans l'obfcurité, que lorfqu'elles font éclairées du grand jour.
Voyez l'Inftruction fur l'ufage des lunettes, Chapitre des vûes courtes. Paffons maintenant à la maniere de tailler
les verres.

Maniere de tailler les Verres.

La matiere étant bien choifie pour
les verres que l'on veut faire, il faut la
couper au diamant. On arrondit les
morceaux

morceaux avec une pince de fer commun : celles d'acier trempé ne vallent
rien pour rogner des fragmens de glace, qui trouvant un inftrument plus dur
qu'ils ne font eux-mêmes, fe brifent en
petites parcelles inutiles, plûtôt que
de prendre la figure circulaire qu'on a
coutume de leur donner. Il faut cependant prendre garde, en tenant les
pinces de fer commun, d'occafionner
aux morceaux de glace, des langues
infenfibles qui ne fe déclarent que trop
dans la fuite du travail. Comme ces fortes d'accidens, qui arrivent quelques-
fois à des morceaux de peu de conféquence, peuvent fort bien arriver à des
glaces d'une plus grande valeur lorfqu'on les veut cintrer, voici la maniere
de prévenir la perte entiere, ou dù
moins une diminution confidérable du
prix du volume.

Il faut premierement avoir grand foin
de remarquer de quel côté paroît la
langue ; & difcontinuant fur le champ
d'arrondir la glace, défigner le terme

ou la pointe de la langue avec de l'encre; enſuite il faut former une portion de cercle ou un angle, ſelon l'exigence la plus avantageuſe du morceau, & la plus conforme à la figure que la langue ſembloit vouloir décrire, en ponctuant avec une plume ou crayon un chemin tout différent de celui qu'elle prenoit, & la ramener en quelque ſorte par une route collaterale & oppoſée à celle qu'elle avoit tenue d'abord.

Secondement, prenez un charbon de feu bien allumé, & ſuivez exactement la trace que vous avez fait avec l'encre ou crayon, en ſoufflant continuellement le charbon ſur la glace. La chaleur du feu détournera cet langue, & lui fera ſuivre la trace que vous lui aurez preſcrite, pourvû que vous la ſuiviez régulierement vous-mêmes avec le charbon que vous tiendrez à l'aide d'une pincette. Remarquez que la glace demande à être échauffée à pluſieurs repriſes, ſur-tout ſi elle eſt bien épaiſſe. Si le feu tout ſeul n'eſt point capable de faire déclarer cette langue, il faudra alors faire usage de l'eau froide, dans laquelle on trempera un pinceau de plume un peu pointu, qui servira à suivre la trace que vous avez faite avec de l'encre; cette eau froide saisit tout d'un coup, & fait partir la langue que la chaleur n'avoit pû forcer à se déclarer. On entend même alors un peu de bruit dans cette partie de la glace que vous avez sacrifiée pour sauver le reste.

On peut encore empêcher d'une autre maniere le progrès d'une langue dans un morceau de glace. Après en avoir marqué le terme comme nous venons de le dire, il faut prendre une régle, & commencer avec le diamant la coupe au point marqué jusqu'à l'autre bout opposé : puis frapper du bout de cuivre ou de fer dans lequel est enchassé le diamant sous les derniers pas qu'il a fait sur la glace. La coupe venant à s'ouvrir ira rejoindre la pointe de la langue en forme d'angle. Mais il est plus rare de réussir de cette derniere façon, & souvent la hardieſſe en fait tout le mérite : *audaces fortuna juvat*, dit Virgile. Le ſuccès peut ſeul juſtifier la préférence que quelques ouvriers donnent à cette méthode.

Maniere de cimenter les Verres.

Le ciment ou maſtic des verres ſe fait communément avec de la poix noire mêlée de cendre paſſée au tamis, ou de blanc d'Eſpagne pulveriſé : on en fait de deux ſortes, l'un gras & l'autre ſec, qui ſervent ſelon les ſaiſons. Le premier qu'on appelle ciment gras, eſt celui dans lequel la poix domine plus que la cendre ou autre poudre. Le ſec au contraire contient plus de cendre que de poix. L'un eſt pour l'hyver, & l'autre pour l'été. Si le maſtic n'étoit pas un peu gras dans l'hyver, le froid reſſerant les pores de tous les corps, les verres ne demeureroient pas longtems attachés ſur les *molettes*, qui ſont ordinairement faites de bois, & aſſez ſemblables à des bondons de tonneau, excepté qu'elles

doivent être un peu concaves intérieurement à la furface fur laquelle les verres doivent répofer, pour recevoir la
fphéricité de ceux qu'on a déja travaillé
d'un côté. La furface de la molette doit
être moins étendue que le diametre du
verre ; & cet excédent du verre par-
deffus la molette doit être garni de ciment, pour empêcher le grais ou l'é-
meri de féjourner fur les bords du verre ; parce qu'il eft néceffaire de le faire
chauffer au feu, qui fert à amollir le ciment dont la molette eft enduite, afin
que l'union du verre au ciment foit plus
étroite. Il ne faut pas craindre que ce
morceau de glace caffe au feu, à moins
qu'il n'y ait une langue de féparation
commencée, que le feu continue alors
d'ouvrir d'un bout à l'autre ; s'il n'y a
point de langue, le morceau de glace
deviendra plutôt rouge, comme une bar-
re de fer à la forge, que de caffer, ou
caufer quelque accident. Si vous le laif-
fez exceffivement chauffer, & que vous
ne puiffiez plus le retirer du feu avec

vos doigts, gardez-vous de le prendre avec une pince de fer pour l'appliquer fur votre molette, car le froid du fer de la pince feroit caffer le verre.

Il n'eft pas néceffaire de m'arrêter ici à chercher la raifon phyfique de ce fait. Il vaut mieux vous faire remarquer encore que fi vous travaillez à l'eau froide un verre encore chaud, & qui vient d'être cimenté, il fe fendra en plufieurs morceaux, ou du moins quittera le ciment, ce qu'il fera aifé de reconnoître par la différente couleur qui paroîtra fur la furface du verre, laquelle au lieu d'être noire vous paroîtra blanche. Le même effet peut être occafionné par les grands froids de l'hyver : car alors on apperçoit fouvent des verres qui ayant été montés la veille, & étant bien noire fur le ciment, le lendemain nous paroiffent tout blancs. Dans l'un & l'autre cas, le parti le plus fûr eft d'achever de les décimenter pour les attacher une feconde fois. Cette opération eft aifée, il n'y a qu'à frapper legérement avec un petit

maillet de bois fur les bords du ciment
qui approchent le plus ceux du verre,
autrement on courroit rifque de les dé-
tacher en les façonnant dans le baffin,
ce qui eft fujet à une infinité d'inconvéniens, fur-tout quand on les doucit,
ou qu'on les polit du fecond côté.

Maniere de dégroffir les Verres, & de les
arrondir ou déborder.

Vos verres étant bien cimentés & re-
froidis, vous pouvez les dégroffir en
leur faifant prendre avec du grais & de
l'eau une premiere forme fphérique
dans un baffin de fer de même calibre
que celui de cuivre dans lequel vous
devez les doucir. Pour les dégroffir
avec une certaine régularité, il faut les
conduire bien circulairement du centre
à la circonférence, & de la circonférence au centre, en décrivant des cercles qui foient contigus les uns aux autres. Plus les verres font grands, plus
on conferve la régularité de ces fortes
de baffins : ajoûtez à cela le foin de

changer le côté du baffin à chaque verre que vous faites : & afin que le verre s'ufe également, & ne fe trouve pas plus épais d'un côté que de l'autre, il faut tourner la molette fur laquelle le verre eft cimenté, au moins deux fois fur elle-même chaque tour de baffin. Si vous ne voulez façonner vos verres que d'un côté, il faut les dégroffir, c'eft-à-dire, les réduire à l'épaiffeur la plus jufte que vous pourrez rélativement à la courbure dont ils prennent le foyer; parce que moins la lumiere a de corps étranger à traverfer, plus fes rayons font directs, & plus l'objet eft fenfible : mais fi vous voulez les travailler des deux côtés, il faut alors ménager la matiere, & lui laiffer une épaiffeur fuffifante pour la courbure oppofée que vous voulez donner à l'autre côté. Vos verres étant bien dégroffis & figurés, il faut les déborder; c'eft-à-dire, leur faire un bord ou bizeau dans une efpéce de cone de fer forgé, appellée débordoir. Pour cela il faut premierement faire entrer à

force la molette fur laquelle eft attachée le verre dans une efpéce de canon
de fer blanc, au bout duquel eft un pi-
vot qui entre par une ouverture faite exprès dans un jetton de corne qu'on tient
d'une main, pendant que l'autre tourne
un archet qui donne au canon un mouvement circulaire. Ce mouvement
doit être d'abord conduit doucement,
& enfuite plus vivement à mefure que le
bord commence à perdre l'irrégularité
de fon contour par le frottement des parties du gros grais qui agiffent fur le verre.
Alors on prend un débordoir de cuivre
pour les doucir, fi on eft curieux de
bords propres. En ce cas il faut fe fervir de fablon ou petit grais de meule,
ou de l'émeri fin en place de gros grais,
qui quelque ufé qu'il foit, conferve
toujours des parties très-inégales entre
elles, lefquelles nous empêchent d'a-
voir un bord d'une furface parfaitement
unie; cette façon de faire des bords ou
bifeaux à l'archet eft la voie la plus fimple, la plus réguliere & la plus prompte
qu'on ait inventée jufqu'ici.

Du douci & du poli des Verres.

Un verre figuré & débordé comme nous venons de le dire dans un baſſin de fer d'une courbure de même foyer que celui de cuivre dans lequel on ſe pro-poſe de le doucir, ſe trouvant rarement d'une convexité parfaitement égale à la courbure de ce dernier baſſin, il eſt à propos de l'atteindre par une ſeconde façon, ſe ſervant de grais déja uſé, & qui a d'abord ſervi à dégroſſir, ou bien de grais de meule, par-là le verre pren-dra une forme parfaitement ſemblable à la courbure du baſſin dans lequel on le veut finir. Il faut enſuite le faire paſ-ſer par différens doucins, ou petits grais plus fins les uns que les autres, ou par trois ſortes d'émeris que l'on trouve aſſez communément chez les Marchands Quincailliers qui vendent toutes ſortes d'outils & de limes. On peut s'adreſſer particulierement à Mr. Perreau, ſucceſſeur de Mr. Malbeſte à Paris, à la flotte d'Angleterre près le

Palais, qui fe pique d'être un des mieux affortis en différens émeris des Indes.

Chaque doucin par lequel on fait paffer un verre doit raffembler trois fortes de marche ; la premiere eft femblable à un cercle que l'on décrit dans le centre du baffin ; la feconde a différens cercles qui coupent le premier, en fe difpofant par degrés à remonter à la circonférence toujours d'une maniere circulaire ; la troifiéme a d'autres cercles dont la circonférence ne fe trouve pas entierement comprife dans le baffin même, parce qu'il eft néceffaire de faire fortir du baffin le verre du quart de fon diametre pour entretenir la régularité de la courbure, auffi bien à l'extrémité de la circonférence du baffin comme au centre. Ces trois fortes de procédés fe comprendront encore mieux par la vûe de la premiere figure de la feconde planche.

Mais tous ces contours réguliers que l'on fait faire au verre dans chaque doucin par lequel on le fait paffer, au fujet defquels on doit obferver de tenir le verre bien à plomb fur les courbures différentes intérieures ou extérieures des baffins : tous ces contours, dis-je, ne fuffifent pas encore pour le doucir parfaitement, il faut fçavoir mouiller à propos le doucin ; car l'excès ou l'infuffifance d'eau font capables d'occafionner bien des accidens. Il faut garder un jufte tempérament entre le trop & le trop peu. L'expérience en apprendra plus que toutes les inftructions du monde.

Voici un principe général fur le douci des verres. Un verre ne peut jamais être trop douci. Je fçai qu'à le vouloir pouffer trop loin quelquefois on court quelques rifques, comme de le rayer, & être obligé de le recommencer : mais auffi s'il n'eft pas affez douci, on eft plus longtems à le polir ; la derniere opération étant bien plus longue que la premiere, je penfe que le chemin le plus court eft celui que l'on doit préférer ; c'eft-à-dire, qu'il vaut beaucoup

mieux paffer une heure à redoucir un
verre, que d'en paffer huit ou dix à le
polir pour venir à bout d'emporter la piqûre exceffive qu'un doucin croqué a
laiffé fur la furface d'un verre ; au lieu
qu'un verre bien douci fera quelquefois
poli en deux ou trois heures. Je ne
parle pas de ces verres dont bien des
Ouvriers en poliffent deux douzaines en
une heure. Ces fortes de gens n'ont pas
befoin de nos principes ; ils aiment à
abréger le travail, & ne s'embarraffent
pas de la route qui conduit à la perfection. C'eft ce que nous allons prouver
fenfiblement par l'expofition des con-
féquences qui fuivent de divers principes de l'une & l'autre méthode.

Il y a deux fortes de maniere de polir
les verres. La premiere conferve la régularité de la courbure qu'on a donnée
au verre. La feconde altére non-feule-
ment la convexité du verre, mais lui
en procure une feconde quelquefois de
12 15 & 18 lignes de différence de
foyer de la circonférence au centre.

Ainſi la meilleure maniere de polir les verres & la plus ſuivie de tout ce qu'il y a eu & de tout ce qu'il y a aujourd'hui d'habiles Artiſtes en Optique, à Paris, en Italie, & en Angleterre, eſt de les polir dans le baſſin même dans lequel on les a douci. Après l'avoir exactement eſſuyé, on prend une bande du meilleur papier d'Hollande le plus uni que l'on puiſſe trouver, qu'il faut couper un peu plus longue que le diametre du baſſin, & un peu plus large que celui du verre que l'on veut polir. Il faut coller cette bande de papier dans le baſſin avec un peu d'empoix bleu : je dis bleu, parce qu'il y en a auſſi du blanc. La différence du bleu à la couleur du papier nous fera plus aiſément diſcerner les endroits où il s'en pourroir trouver trop, ce qui feroit capable de faire quelque élévation ſujette à faire déchirer le papier en poliſ-ſant le verre. Lorſque cette bande de papier eſt ſéche, il faut prendre une pierre de ponce, qu'on aura eu la pré-caution de figurer dans ce même baſſin avec un peu de grais & d'eau avant que d'y doucir les verres pour lui faire prendre la même courbure ; frottez-en d'un bout à l'autre votre papier, vous enleverez les inégalités qui pourroient s'y rencontrer : soufflez ensuite exactement la poussiere qui en est sortie, puis poudrez cette bande d'un peu de pierre pourie, ou du tripoli de Venise gratté au couteau très-légérement ; passez ensuite le doigt sur votre bande d'un bout à l'autre, pour expulser les parties trop inégales qui pourroient encore se rencontrer dans cette poussiere si menue qu'elle soit. Je suppose dans un bon Artiste le tact fin & délicat ; car il est bien des gens qui ne sentent rien là où réellement il y a quelque chose ; cela fait, prenez votre verre des deux mains entre quatre doigts, sçavoir les deux pouces & le premier doigt de chaque main : tenez-les le plus près du bassin que vous pourrez, afin de poser le verre perpendiculairement à la courbure avec toute l'exactitude possible.

Enfuite pouffez votre verre fur la bande de papier d'un bout à l'autre, légérement d'abord jufqu'à ce que vous foyez fûr qu'il n'y a aucune inégalité qui puiffe vous arrêter, ou caufer au verre quelque accident, comme des raies, ou du moins des fillonemens quelquefois très-longs à atteindre au poli. Si vous fentez de l'égalité tout du long de cette bande qui vous fert de poliffoir, vous pourrez alors pouffer votre verre plus promptement & plus hardiment : il faut le retourner de tems en tems fur lui-même, afin que le poli prene également par-tout. La pierre pourrie ou le tripoli dont on a poudré cette bande de papier devenant impalpable par le frotement, & perdant peu à peu fa force, on eft obligé de tems en tems d'en remettre du nouveau, à l'application duquel il faut apporter les mêmes foins que nous avons exigés pour la premiere fois, c'eft-à-dire, éprouver du bout du doigt fi on n'y fent aucune inégalité, il eft néceffaire dans

le

le cours de l'opération, de faire usage
d'une loupe ou lunette à la main qui
grossisse beaucoup, par exemple de 18
à 20 lignes de foyer, pour voir si le
poli s'avance , & si la piqûre du grais
ou de l'émeri qui doit être extrêmement
fine lorsque le verre a été bien douci
est totalement enlevé.

Comme le centre d'un verre est toujours plus long à atteindre au poli que
la circonférence, il arrive souvent que
faute de loupe on le laisse moins parfait que les bords; c'est cependant la
partie la plus essentielle d'un verre,
parce que c'est au centre que se fait la
réunion des rayons ; s'il s'y trouve
quelque obstacle dont même on ne
puisse pas s'appercevoir à la simple
vûe, tel qu'est ordinairement une espéce de petite graisse fine & légère,
qui ne prouve dans un verre bien fait
d'ailleurs qu'une insuffisance de poli :
les rayons de lumiere en passant par ce
milieu perdront quelque chose de leur
vivacité. Pour qu'un verre soit parfait ,

D

il faut donc absolument enlever ces obstacles à force de le polir, ensorte qu'avec la loupe on puisse s'assûrer qu'il est au centre aussi brillant & aussi vif qu'à la circonférence. D'ailleurs on ne court jamais de risque de trop polir un verre de cette façon-là, parce qu'il ne peut changer de courbure : j'excepte les verres objectifs d'un long foyer, qui doivent être suffisamment polis, mais dont on pourroit altérer la courbure, si on les poussoit trop longtems au poli : dès qu'on reconnoît avec la loupe que le centre est atteint, il faut s'arrêter & préférer l'inconvenient de quelques petites raies ou filandres qui pourroient y rester, à un poli excessif qui les enleveroit. Une raie ou filandre ne furent jamais dans un objectif un défaut essentiel, c'est tout au plus un défaut de propreté. Pour plus grande diligence, ceux qui voudront polir leurs verres au tour, seront obligés, au lieu de cette bande de papier, d'en couvrir la surface en-

tiere de leur baſſin ; mais ils doivent
les découper avec adreſſe pour éviter
les plis du papier, que la cavité ou
la convexité des baſſins entraînent néceſſairement avec elle. Mais ſi ce ſont
des verres objectifs, la meilleure maniere eſt de les polir à la bande & à
la main, parce que la vivacité des
mouvemens du tour occaſionne ſouvent à la main des appuis inégaux, qui
ſont quelquefois d'une grande conſéquence, & nuiſent beaucoup à la perfection de ces ſortes de verres.

Voici ma derniere façon de polir un
objectif, qui eſt la plus ſûre, & que j'ai
appriſe d'un des plus célébres Artiſtes
d'Angleterre, dont j'ai pris quelques
leçons pendant le ſéjour qu'il fit à Paris il y a environ ſept ou huit ans.
Votre objectif étant douci, cimentez-
le ſur une molette de plomb du poids
d'une livre, ou de deux ou trois s'il eſt
d'un grand diametre & d'un foyer bien
long. Vous conduirez ſeulement cette
molette d'un bout à l'autre de votre
D ij

bassin couvert d'une bande de papier, sans y faire aucune pression que celle que fait le poids de votre molette, le verre objectif prendra peu à peu le poli, & de la maniere la plus réguliere, par l'appui égal de la molette de plomb sur tous les points de la surface de votre verre. Cette façon de polir des objectifs est extrêmement longue ; si quelqu'un vouloit mettre le prix à raison du tems que l'Artiste y emploie, on seroit sûr d'avoir des verres de la derniere régularité ; & afin d'épargner la peine de ce procédé à ceux qui seroient tenté d'en faire usage, je suis bien aise de leur avouer que pour polir un objectif de 12 pieds de foyer, & deux pouces & demi de diametre, j'ai été huit jours & demi à en atteindre le centre : ceux qui seront armés de patience & d'inclination pour ce qu'on peut faire de plus régulier en ouvrage d'Optique , apprendront par l'expérience qu'ils en feront par la suite eux-mêmes, que cette derniere façon de polir les verres , quoi-

que la plus longue eſt cependant préférable à toutes celles dont on s'eſt ſervi juſquà préſent.

Diſons maintenant quelque choſe
de la plus commune maniere de polir
les verres, qui eſt en même tems la plus
mauvaiſe.

Pluſieurs Ouvriers poliſſent leurs verres ſur des poliſſoirs plats de bois, couverts d'une bande ou liſiere de drap
noir, ou même de chapeau. S'il faut
avouer que cette derniere maniere de
polir eſt la plus courte, il faut dire auſſi
que c'eſt la plus irréguliere, parce
qu'elle altére beaucoup la convexité
d'un verre ; enſorte que ceux qui ſont
d'un foyer long, ont ſouvent différentes
courbures dans la même ſurface, ſelon
l'appui inégal de la main, qu'on ne peut
éviter dans l'oppoſition de la courbure
du verre au plan du poliſſoir : générale-
lement parlant tous les verres polis de
cette façon-là ont au moins deux ſortes
de foyers. Lorſqu'un verre a été douci
dans un baſſin de 12 pouces, par exem-

ple, l'inverſion qu'on lui donne pour
en atteindre les bords au poli, lui faire
prendre une courbure à la circonférence de onze pouces, quelquefois même
de dix, pendant que le centre, ſuppo-
ſé qu'on y ait apporté bien des ſoins
pour ne le point altérer, en aura conſervé douze. Comme je ne me ſuis arrêté
à en parler que pour en faire ſentir les
défauts, paſſons maintenant à des remarques plus intéreſſantes.

*Remarques ſur la façon des verres, avec
une Table pour connoître en quelle proportion un verre convexe groſſit les objets, & de combien un Verre concave
les diminue.*

Je crois m'être aſſez expliqué ſur ce
qu'il eſt abſolument néceſſaire de ſçavoir
touchant la maniere de faire les verres:
il ne me reſte plus qu'à communiquer
les remarques particulieres que j'ai faites ſur ce ſujet; j'en prouverai l'utilité
en parlant des principes que j'ai déja

expofés, ce qui rendra mes demon-
ftrations plus intelligibles, & l'exécution plus facile.

Si vous ne travaillez vos verres que
d'un côté, vous n'aurez pas befoin de
morceaux de glace fi épais que fi vous
les voulez façonner des deux côtés,
parce qu'une courbure oppofée à une
autre courbure dans un même diametre, fouffre toujours la perte du tiers de
fon diametre, comme on le peut voir
par la figure 14ᵉ planche premiere A.B.
diametre du verre C. D. courbure du
verre travaillé d'un côté E. F. diametre du verre travaillé des deux côtés
G. H. courbures intérieures oppofées,
& épaiffeur du verre, laquelle étant for-
mée aux dépens du diametre de celui
qu'on n'auroit travaillé d'abord que d'un
côté A. B. qui avoit 19 lignes & demi environ de diametre, n'en a plus
que 13 ½ E. F. le tiers de 19. ½ ou à
peu près ; ce tiers de diametre doit être
fuppléé par un tiers en fus d'épaiffeur
de matiere pour faire un verre d'un

D iv

même diametre & d'un même foyer.
L'épaisseur du verre I. L. façonné des
deux côtés, qui a environ 3 lignes $\frac{1}{2}$
pour être du grand diametre & du mê-
me foyer que A. B. doit être fait d'un morceau de glace brute qui porte environ
cinq lignes d'épaisseur, quoiqu'à la ri-
gueur il ne les faille pas tout-à-fait :
mais parce qu'il est rare de s'arrêter
dans le travail des verres au terme fixe
de ce qui est nécessaire pour la courbure, on peut prendre un morceau de
glace de six lignes , même pour être
moins géné : mais en même-tems on
court risque de donner au verre un diametre un peu plus long. Ainsi dans l'e-
xemple cité , le verre tout façonné
pourroit avoir alors un peu plus de 19
lignes de diametre.

L'Opération que nous avons nommée ci-devant des trois points perdus,
est la clef de toutes celles de la Dioptrique ; c'est elle qui nous apprend
aussi de quel foyer l'épaisseur d'un morceau de glace est susceptible. Sup-

posons-le, par exemple, de cinq lignes d'épaisseur sur environ 14 de diametre : tirez premierement une ligne droite ; ensuite marquez par deux points sur cette même ligne la longueur du diametre de votre morceau ; puis élevez un point au-dessus de la ligne diametrale autant éloigné d'elle que votre morceau a d'épaisseur ; repetez ensuite l'opération qui a été indiquée ci-devant.

Pour prendre le foyer de toutes sortes de bassins, après avoir décrit les arcs du cercle & les sections, vous aurez deux lignes transversales dont la rencontre forme un angle qui vous donnera depuis sa pointe jusqu'au point élevé d'épaisseur la moitié du foyer dont le morceau est susceptible. Vous trouverez que cet angle depuis sa pointe jusqu'au point élevé a environ neuf lignes ; le verre par conséquent pourra être travaillé d'un côté dans un bassin de 18 lig. environ, ou des deux côtés dans un bassin de 3 pouces, qui vous donnera alors la même grandeur qui est représentée dans

la quinziéme figure de la premiere planche. Quand on connoît bien, & que l'on
pratique cette opération, on ne travaille
jamais un morceau de glace au hazard.

Il est encore nécessaire de sçavoir
que deux courbures intérieures ou extérieures opposées raccourcissent de moitié la longueur d'un foyer donné. Si
vous façonnez des deux côtés un verre
dans un bassin de 12 pouces de foyer,
au lieu d'avoir 12 pouces il n'en aura
plus que six : car l'expérience nous apprend qu'en mesurant au soleil ou à la
lumiere simple du jour le verre façonné
d'un seul côté, nous avons à la pointe
de son foyer, c'est-à-dire, à la distance
de 12 pouces à travers ce verre la représentation d'un objet, & que lorsqu'il
a été façonné des deux côtés dans le
même bassin, nous n'en avons plus la
représentation qu'à 6 pouces. On peut
par l'opération dont j'ai donné l'analyse
se convaincre de ce que je viens de dire;
de même qu'en joignant par les surfaces
planes deux verres travaillés d'un seul

côté ; car ces verres qui féparément ont 12 pouces de foyer, étant joints n'en ont plus que fix.

Si vous façonnez un verre des deux côtés dans deux baffins de courbures différentes , la diminution des foyers fera auffi de la moitié ; mais les diftances inégales de ces foyers feront réduites proportionnellement à des diftances égales. Exemple. Prenez un verre dont une fourbure ait quatre pouces de foyer, & l'autre fix, il en réfultera de part & d'autre un foyer de cinq pouces, qui font la moitié de la fomme 10.

Ce que l'expérience vient de nous apprendre fur la façon des verres travaillés des deux côtés, nous conduit à un calcul bien fimple de leur foyer ; celui qu'on aura façonné dans un baffin de 24 pouces de foyer des deux côtés n'aura plus que 12 pouces ; & celui qu'on travaillera dans deux baffins de courbures différentes, n'aura de foyer que le quart du produit de la valeur des deux foyers pris enfemble ; a infi un verre qui aura été façonné également des deux côtés dans un baffin de cinq pieds , & qui avoit trente pouces de foyer n'en aura que 15 fi on le façonne dans le baffin de trois pieds d'un côté, & dans celui de deux pieds de l'autre. Quoique la fomme de ces deux foyers reviennent au même pour le calcul, ce n'eft pas à dire que les deux angles oppofés & inégaux foient également diftans du point élevé de la courbure. Les explications qui ont précédés font fuffifamment entendre ce que je dis ici: mais fi les deux courbures étoient parfaitement paralleles, elles feroient le même effet que deux plans réunis d'une glace ordinaire, c'eft-à-dire, qu'elles ne groffiroient ni ne diminueroient pas plus les objets qu'une glace parfaitement plane au travers de laquelle on les regarderoit.

·Voici une Table de verres de différens foyers qui aidera à connoître en quelle proportion un verre convexe groffit les objets , & au contraire combien un verre concave le diminue. On pourra calculer sur cette espece d'é-chelle, combien d'autres à proportion d'un foyer plus long ou plus court grof-firont ou diminueront.

Un objet de six lignes de diametre vû avec un verre de 12 pouces de foyer paroît avoir 12 lig. de diametre.

Avec un verre de 11 p.   12 l. ½

10 p.   13 l.

9 p.   13 l. ½

8 p.   14 l.

7 p.   14 l. ½

6 p.   15 l.

5 p.   15 l. ½

4 p.   16 l.

3 p.   17 l.

2 p.   18 l.

1 p.   24 l.

Il faut faire remarquer ici aux Ar-tiftes qu'il en eft des opérations qui ap-partiennent à l'Optique comme de celle

des autres Arts, où l'on a diverſes difficultés à eſſuyer : il eſt des jours où l'on réuſſit
à tout ce qu'on entreprend ; d'autres
dans leſquelles on ne fait rien de bien :
cela peut venir de trois cauſes: 1°. de
l'intempérie de l'air, qui en différens
tems fait ſur les métaux des impreſſions différentes. 2°. De la qualité de la
matiere, qui étant plus ou moins cuite,
eſt plus ou moins ſuſceptible d'une certaine perfection. 3°. Des diſpoſitions
de la main, qui ſe trouvent moins avan-
tageuſes certains jours que d'autres : on
ſçait que les Deſſinateurs, les Peintres,
les Graveurs, ont auſſi leurs jours où
ils travaillent d'une maniere plus légère & plus hardie qu'à l'ordinaire :
les Artiſtes & les connoiſſeurs en tout
genre feront d'accord ſur ce ſujet avec
les Opticiens.

CHAPITRE TROISIEME.

Des Miroirs ardens, des Verres convexes & concaves.

Des Miroirs ardens.

ON appelle *Miroirs ardens* le miroir de métal concave semblable à la figure des bassins qui nous servent à faire les verres de dioptrique ; ce miroir étant exposé aux rayons du soleil, brûle par réflexion à la distance d'environ le quart du diametre de la sphere dont il est une portion, les matieres combustibles qu'on lui présente, comme le bois & autres. Il faut excepter le papier blanc, dont la surface disperse les rayons : mais le plomb, l'étain, & les autres matieres fusibles pourront y être fondues, parce que la surface concave de ce miroir est tellement disposée par sa courbure, que les rayons réflechis se réunissent & s'assemblent dans un fort petit espace au quart de diametre de la courbure où eſt le point brûlant du miroir ; & par la force que leur prête cette réunion, ils pénétrent ébranlent, agitent & décompoſent les particules des métaux & des autres corps qui y ſont expoſés : la lumiere du ſoleil eſt un feu ; ſes rayons étant raſſemblés par le moyen de ce miroir produiſent des effets pareils à ceux du feu commun.

Cette ſorte de miroir eſt compoſée de cuivre rouge & d'étain d'Angleterre. L'arſenil qu'on fait entrer auſſi dans ſa compoſition purifie l'alliage de ces deux métaux : on les fond ſur des calibres comme les baſſins ordinaires qui ſervent à figurer les verres optiques ; lorſqu'ils ſont ſortis de la fonte on les tourne de même ; & après avoir façonné dans leur concavité un certain nombre de verres qui prennent la courbure du foyer qu'on leur a donné, on les doucit avec différens émérils plus fins les uns que les autres ; enſuite on les polit : & afin d'y conſerver la régularité de la courbure, le poli s'exécute

sur

fur une balle de glace parfaitement ar-
rondie dans cette efpèce de baffin,
laquelle eft couverte pour cet effet d'une
bande de papier légérement enduite
d'huile d'olive & de potée d'étain, ou
tripoli de Venife.

Il eft bon d'avertir que cette façon
de polir ces fortes de miroirs, eft extrêmement longue, parce que la furface
de cette matiere, quelque bien doucie
qu'elle puiffe être, eft toujours très-du-
re : mais je ne fçai pas de maniere plus
réguliere ni plus courte.

Il eft une feconde forte de *miroirs
ardens* qui brûlent auffi par réflexion ;
ils font faits d'un morceau de glace
d'une certaine épaiffeur proportionnée
à la courbure qu'on veut leur donner ;
ces miroirs convexes d'un côté, & plans
de l'autre, font enduits d'étain & vif-
argent du côté de la convexité, qu'on
met au tain dans le baffin même dans
lequel on les a figurés pour y fixer le
vif-argent. On les façonne d'un côté
comme les verres ordinaires de la Diop-

trique, & on leur donne rarement plus de trente pouces de foyer. On les fait plus communément dans un baſſin de trois ou quatre pieds de foyer ; & ceux qui ſont d'un grand diametre, dans un baſſin de cinq, ſix, ſept, ou huit pieds. Ce miroir eſt inférieur pour l'effet à celui de métal, & ne brûle pas ſi promptement, parce que les rayons du ſoleil ont deux ſurfaces à pénétrer, ſurface extérieure & intérieure. La preuve de ce que j'avance eſt aiſée à faire : qu'on préſente une chandelle allumée vis-à-vis ce dernier, vous en aurez deux repréſentations. La ſurface extérieure à une certaine diſtance, vous donnera l'image de la chandelle dans une ſituation droite, telle que vous la préſentez ; & la ſurface intérieure vous la donnera renverſée ; au lieu que le miroir de métal ne vous donnera qu'une repréſentation de l'objet renverſé.

Ces deux ſortes de miroirs repréſentent à une certaine diſtance l'objet plus grand & plus gros qu'il n'eſt en lui-mê-

me ; parce que les rayons réfléchis par
la surface concave font un plus gr co
angle que s'ils étoient réfléchis par une
surface plane, telle que celles d'un miroir ordinaire : si on regarde un objet ou
soi-même d'un point plus éloigné que le
foyer du miroir, c'est-à-dire, que le point
ou les rayons s'unissent, l'objet vous par-
roîtra renversé, ou vous semblerez marcher la tête en bas & les pieds en haut,
parce que les rayons doivent se croiser
dans le foyer & s'écarter ensuite ; de
sorte que ceux qui viennent de la partie supérieure de l'objet, soient en bas
avant que d'entrer dans l'œil, & ceux qui
viennent de la partie inférieure, soient
en haut. Que l'on présente vis-à-vis ces
miroirs la pointe d'une épée, l'image
de cet objet semblera sortir en deça
du miroir, & s'avancer sur le specta-
teur.

Il me paroît à propos de dire quelque
chose du miroir plan des deux côtés, appellé *miroir simple*, parce qu'il n'est composé que de surfaces également planes

tricparalleles. L'une des deux furfaces de. enduite d'étain & de vif-argent, plour bien répréfenter les objets dans leur fituation naturelle ; l'autre furface doit être parfaitement plane & de couleur d'eau vive, autrement les objets qu'on lui préfente fe colorent de diverfes teintes. On voit dans ce miroir les objets réfléchis par la lumiere qui revient à nous, à caufe de l'oppofition d'un corps au-delà duquel elle ne peut paffer, tel que celui de l'étain & du vif-argent ; ce miroir nous repréfente l'objet auffi grand qu'il eft dans fa fituation naturelle, & auffi enfoncé au-delà du miroir qu'il en eft éloigné en-deçà.

Il faut auffi avertir qu'une glace un peu épaiffe & affez large multiplie la vûe d'un objet. Si vous regardez d'un feul œil & obliquement ou de côté, dans un miroir la flamme, par exemple, d'une chandelle, vous en aurez fix ou fept repréfentations de fuite, à caufe de la multiplicité des réflexions. Pour expliquer cette multiplicité d'images, il faut faire attention qu'il y a auffi deux fortes de furfaces dans un miroir plan , furface extérieure, & furface intérieure ; cette derniere eft celle qui eft enduite d'étain & de vif-argent. Les deux plus claires images viennent de la réflexion de la premiere furface , laquelle arrête une partie des rayons qui tombent obliquement de l'objet fur le miroir, & les réfléchit obliquement à l'œil qui voit cette image de côté : l'autre vient de la réflexion de la feconde furface qui reçoit obliquement l'autre partie des rayons qui ont pénétré jufqu'au fond du miroir , d'ou étant réfléchis obliquement vers la premiere furface , elle en arrête quelques-uns; mais elle laiffe fortir les autres qui font voir cette feconde image , mais d'une maniere plus foible , & ainfi des autres, qui peu à peu perdant de leur vivacité , deviennent enfin infenfibles.

Si on veut voir cette multiplicité d'objets fans regarder obliquement dans la glace, il faut faire placer deux glaces

bien vis-à-vis l'une de l'autre, une perfonne s'y regardant en face, s'y verra
multipliée trois fois au moins d'une
maniere claire & diftincte. Quant aux
renverfemens des images caufés par les
miroirs plans, en voici la raifon. Le
rayon d'incidence & celui de réflexion
forment un angle; mais parce que la
fenfation de la vûe fe fait à l'extrémité des rayons droits, c'eft comme
fi ces deux rayons prolongés au-delà du miroir fe croifoient; d'où il arrive que ce qui eft à gauche nous paroît
être à droite, & ce qui eft à droite nous
le voyons à gauche. Si on expofe de l'é-
criture à un miroir plan, l'on verra les
lettres à rebours, telles qu'on les voit
fur une forme d'Imprimerie prête à être
mife fous la preffe, de forte qu'on ne la
peut lire, fi l'on n'eft accoutumé, comme les Imprimeurs, à cette façon de
lire à rebours. Il eft un grand nombre d'autres expériences que l'on peut
faire foi-même, en difpofant différemment les glaces auxquelles je ne

m'arrêterai point, afin de paſſer promptement à des choſes plus intéreſſantes, & plus utiles au public & aux
Artiſtes. Il eſt aiſé, par exemple, de
rappeller par le moyen de pluſieurs miroirs des objets extérieurs au dedans
d'un appartement, & il ne faut avoir
que des yeux pour placer les miroirs
de maniere à produire un pareil effet.

On fait auſſi des miroirs plans de métal, qui nous repréſentent les objets par
réflexion; mais ils différent des glaces,
en ce que n'ayant qu'une ſurface réflé-
chiſſante, les rayons de lumiere viennent plus directement, & nous font voir
les objets mieux dans le vrai, & d'une
maniere plus conforme à la nature : car
ces rayons ne ſouffrent pas dans le métal la même altération qu'ils éprouvent
en traverſant l'épaiſſeur de la glace. Cependant comme les miroirs de métal
font ſujets à d'autres inconvéniens très-
conſidérables, on donne aujourd'hui la
préférence à ceux de glaces qui étant
d'une matiere pure & d'une épaiſſeur

médiocre, font d'une ufage bien plus
commode, parce qu'ils ne perdent pas l'é-
clat de leur poli auffi promptement que
ceux du métal : ceux-ci font fufcepti-
bles de toutes les influences de l'air, &
il eft néceffaire de les polir fouvent pour
en faire l'ufage que l'on fait ordinairement des miroirs. D'ailleurs je ferois
tenté de croire que l'ufage fouvent re-
pété de ces fortes de miroirs pourroit
bien à la longue devenir préjudiciable
à la vûe, par l'exacte direction des rayons
de lumiere qu'il réfléchit : ainfi felon
moi, fauf meilleur avis, un miroir de
glace eft plus convenable aux vûes délicates, à caufe de l'altération que fouffrent les rayons de lumiere, qui ne reviennent à nous qu'après avoir traverfé
l'épaiffeur de la glace; par-là ils perdent ce qu'ils pourroient avoir de trop
vif, & de peu proportionné aux vûes
foibles. L'expérience femble prouver
la vérité de ce que j'avance. Le trop
grand jour nous éblouit plûtôt que de
nous éclairer. Perfonne ne peut fouffrir

la vûe directe des rayons du soleil. Mais tout le monde les regarde sans peine de côté ; l'oblicité de leur réflexion altérant la vivacité de leur incidence en rend la vûe plus douce, & cause à la ratine un ébranlement moins considérable.

Des Verres convexes.

Il y a deux sortes de *verres convexes* ; les uns sont plans d'un côté, & convexes de l'autre ; les autres convexes des deux côtés, & sont appellés pour cela biconvexes.

Les verres plans convexes sont faits de morceaux de glace figurés d'un côté dans des bassins concaves & laissés plans de l'autre, comme on les trouve à la Manufacture des glaces. Si l'on veut avoir des verres régulierement plans, il faudra nécessairement les travailler de nouveau, parce qu'il n'est pas possible, de la maniere dont on polit les grandes glaces à la Manufacture, d'en conserver la régularité du plan : l'expérience le prouve tous les jours. Car les glaces qui fortent du douci de la Manufacture, appliquées les unes fur les autres, fe féparent les unes des autres bien plus difficilement que lorfqu'on les a polies; ce qui ne peut venir que de l'inégalité du poli, & par conféquent de l'altération du plan. Nous avons donné dans le Chapitre précédent la maniere de faire un plan régulier, & d'en connoître la perfection: c'eft pourquoi il eft inutile de s'y arrêter davantage.

Les verres biconvexes font faits auffi de morceaux de glace, figurés des deux côtés dans un même baffin concave, ou dans deux d'inégale fphéricité. Plus ces deux fortes de verres font convexes d'un côté, ou des deux côtés, plus ils groffiffent l'objet à nos yeux; parce que la grandeur ou la groffeur des objets fe mefurant fur l'angle vifuel, plus les rayons qui tendent de l'objet vers l'œil, en s'approchant toujours l'un de l'autre pour fe réunir, & qu'on a appellé pour cela rayons convergens : plus ces rayons, dis-je, s'écartent de la ligne perpendiculaire en sortant des verres, plus l'angle de réfraction est grand, comme on le peut voir par la figure 4 planche seconde.

Les verres convexes des deux côtés sont appellés *verres ardens*, sur - tout quand ils sont d'un foyer un peu court, comme de deux, trois à quatre pouces. Exposés au soleil ils embrasent des matieres combustibles à la pointe de leur foyer, c'est-à-dire, là où les rayons du soleil se rassemblent & forment un petit cercle de lumiere, qui plus il est petit & court, plus il met le feu promptement, parce que ses rayons se dissipent moins : le verre ardent peut fondre le plomb & l'étain, & d'autres métaux. La différence qu'il y a entre un miroir ardent & un verre ardent, c'est que le premier brûle par réflexion, & le second par réfraction. L'un brûle environ au quart de son foyer, & l'autre à la pointe précisément, c'est-à-dire, qu'un miroir de trente pouces de foyer mettra le feu à l'objet vis-à-vis duquel on le présente à sept pouces six lignes de distance. Un verre ardent de trois pouces de foyer brûlera à trois pouces ; celui-ci mettra même le feu à des surfaces blanches, comme celles du papier, & l'autre ne le fera pas, du moins j'y ai essayé, & je n'en ai pû venir à bout : mais j'ai réussi avec le verre ardent, (malgré la prévention que la lecture de différens Auteurs m'avoit inspirée, qui m'avo't jusqu'ici fait regarder l'effet comme impossible,) à mettre le feu à une feuille de papier le plus fin & le plus blanc d'Hollande que j'ai pû trouver, & cela dans le mois d'Avril, dans lequel le Soleil n'est pas encore à son degré de force, tel que celui qu'il a dans les mois de Juillet & Août.

On entend par réflexion la simple brisure des rayons de lumiere qui rejaillissent du miroir, & par réfraction, la double brisure que les rayons souffrent en traversant les deux surfaces du verre; comme on le peut voir dans les figures 2e & 3e de la planche seconde. Le miroir ardent A. brise une fois seulement les rayons du soleil qu'il reçoit, & qu'il renvoie au quart de la distance là où les rayons réfléchis forment l'angle B. au lieu que dans le verre ardent C. les rayons du soleil se brisent deux fois; 1°. en y entrant par D. D. & en sortant par E. E. Cette seconde réfraction forme un angle dont la pointe F. est le foyer du verre.

Des Verres concaves.

Il y a aussi deux sortes de *verres concaves*; les uns sont concaves d'un côté & plans de l'autre; les autres concaves des deux côtés, qu'on nomme bicaves.

Les verres concaves plans sont faits de fragmens de glace figurés d'un côté sur un bassin convexe, & laissé plans de l'autre.

Les verres bicaves sont figurés des

deux côtés fur un même baffin convexe, où fur deux baffins de courbure
inégale. Plus ces deux fortes de verre
font concaves, plus ils diminuent l'objet à nos yeux; parce que plus les rayons
de lumiere s'approchent de la ligne
perpendiculaire, plus l'angle de réflexion eft étro't & aigu, la grandeur des
objets dépendant de l'angle fous lequel
nous le voyons , plus il fera ferré, plus
ils nous paroîtront petits; mais comme
les rayons en fortant d'un verre concave s'écartent l'un de l'autre, on les a
nommés rayons divergents. Voyez la
figure 5ᵉ planche feconde.

Il eft une derniere forte de miroirs
concaves d'un côté, & laiffés plans de
l'autre, femblable à nos verres de Lunettes plans concaves, enduits d'étain
& de vif-argent du côté plan. Il nous
répréfente les objets plus petits qu'ils ne
font en eux-mêmes , parce que la courbure de ces miroirs fait que les rayons
efficaces ne font réfléchis jufqu'à l'œil
que par une fort petite furface, & qu'ils

ne viennent le frapper que fous de fort petits angles auxquels l'image de l'objet doit répondre. On fait auffi de ces fortes de miroirs en métal.

On appelle ce *miroir, multiplicateur*, lorfqu'on fait fur un même morceau de glace plufieurs facettes ou cavités. Si vous vous mettez vis-à-vis le milieu de cette glace, vous vous voyez repréfenté autant de fois qu'il y a de cavités dans le miroir. S'il y en a 12, & que trois perfonnes s'y préfentent, vous en verrez former une compagnie de trente-fix, qui font à la vérité plus petites que nature, par la raifon que nous venons d'en donner, & qu'il eft inutile de repeter.

CHAPITRE QUATRIEME.

Régles & proportions des foyers des oculaires concaves, & des objectifs convexes pour la Lunette d'approche à deux verres, appellée ordinairement Lunette de Spectacle, ou d'Opéra.

ON doit à Jacques Metius, Hollandois, de la Ville d'Alkmar, la découverte des Lunettes : sa premiere occupation fut de construire des miroirs & verres ardens. Pour réussir à les faire, il avoit figuré des verres de différentes manieres ; les uns se trouverent convexes , & d'autres concaves, suivant la diversité des courbures sur lesquelles il les avoit façonnés. On prétend même qu'en ayant abandonné plusieurs, à cause de leurs imperfections, ou de leur inutilité pour le but

qu'il

qu'il fe propofoit. Ses enfans ayant ra-
maffé ces verres en jouant, les place-
rent à une certaine diftance, l'un vis-à-
vis de l'autre ; & fe racontant l'effet nouveau pour eux de ces verres ainfi difpofés, donnerent, pour ainfi dire, à
leur pere la premiere leçon de la Dioptrique expérimentale, pour obferver
des corps bien éloignés de nous, auxquels nos yeux ne peuvent atteindre
fans ce fecours. La perfection à laquelle
cet art a été porté enfuite, a donné lieu
à une infinité de découvertes curieufes,
comme nous le dirons bientôt. Metius
mit fi bien à profit cette découverte, en-
fantée en quelque forte par le hazard, &
il s'avifa fi heureufement de placer ces
verres aux extrémités d'un tuyau, qui intercepte tous les rayons vagues, de la
lumiere, qu'il joüit le premier de l'expérience la plus flatteufe & la plus ex-
traordinaire. C'eft donc lui qui fit la
premiere Lunette d'approche, que nous
appellons aujourd'hui Lunette d'Opéra,
bien inférieure à celle à quatre verres,

F

que des recherches plus profondes, & des travaux infatigables ont découverte & perfectionnée dans ces deniers tems, de sorte qu'il ne paroît pas qu'on puisse aller plus loin. Elles servent à nous faire voir les objets plus grands & plus distincts, ce qui dépend uniquement de ce qu'elles renvoyent sous un plus grand angle les rayons départis des extrémités de l'objet, & de ce qu'elles réunissent plus exactement sur la rétine les rayons partis d'un seul point. Ces deux choses font le seul objet de toutes les différentes constructions des Lunettes, & de toutes les combinaisons qu'on peut faire de plusieurs verres, soit par leur nombre plus grand ou plus petit, soit par leurs différentes figures ; c'est-à-dire, par leur convexité ou concavité, soit par l'égalité ou inégalité de ces convexités on concavités, soit enfin par la distance de leur foyer.

Il y a trois sortes de Lunettes d'approche. La première est composée de deux verres, dont l'un est concave, l'autre convexe ; la feconde de quatre verres convexes , & la troifiéme de deux verres convexes. On appelle celle-ci Telefcope, parce qu'elle fert pour découvrir les objets éloignés , tels que les Aftres. Le Chapitre fuivant traitera des deux dernieres , & celui-ci de la premiere.

La Lunette d'approche à deux verres eft compofée d'un feul verre convexe , qui fe nomme *Objectif*, parce qu'il eft placé du côté de l'objet, & d'un verre concave , que l'on appelle *Oculaire*, parce qu'il eft du côté de l'œil. Le premier raffemble les rayons ; le fecond les fépare & les écarte, afin qu'ils ne fe réuniffent pas dans l'œil avant que de tomber fur la rétine.

Cette Lunette , qu'on appelle encore Lunette d'Opera ou de Spectacle, eft compofée de deux tuyaux qui entrent l'un dans l'autre , aux extrémités defquels font placés les deux verres : le tuyau de l'oculaire doit être affez long pour pouvoir être tiré ou pouffé,

felon la longueur de l'oculaire, autrement dit courte-vûe. A l'extrémité de
ce tuyau eft un diaphragme ou petit
cercle de bois percé à jour dans le milieu, pour empêcher & exclure toute
lumiere étrangère qui viendroit d'un
autre objet que de celui que l'on veut
obferver. La grandeur de fon ouverture doit être proportionnée à celle du
verre objectif qui eft enfermé à l'extrémité du tuyau oppofé qui le reçoit.
L'ouverture du diaphragme eft affez ordinairement du tiers du diametre de
l'objectif.

Pour faire une bonne Lunette à deux
verres, il faut que la courte-vûe foit
façonnée des deux côtés, ce qui n'eft
pas néceffaire pour le verre convexe
qui lui fert d'objectif. Car il fuffit que
le plan foit parfait, foit pour la matiere
& pour le travail, c'eft-à-dire, bien douci, bien poli ; foit encore pour la régularité du plan, dont on connoîtra aifément le défaut en préfentant ce plan
à un objet fort éclairé. Si cet objet s'y

dépeint d'une maniere confuse, ou si on voit doubler les bords de l'extrémité de cet objet, ce sont des marques certaines de l'irrégularité du plan. Comme il n'est pas aisé de réussir à avoir des plans parfaits, voici le parti qu'il faut prendre. Il faut doucir une seconde fois ces plans sur un bassin nommé ordinairement rondeau, qui n'ait aucun foyer, c'est-à-dire, parfaitement droit, lequel doit être poli aussi sur le même rondeau ; après quoi on le présentera une seconde fois au jour, pour s'assûrer qu'il rend les objets d'une maniere simple & tranchée. Il faut bien observer aussi l'égalité d'épaisseur dans la matiere, autrement le foyer du verre ne feroit pas au centre du diametre, condition absolument nécessaire pour faire une bonne Lunette, soit à deux, soit à quatre verres.

On peut faire de bonnes Lunettes d'Opéra de différentes longueurs avec ces proportions-ci.

Une courte-vûe de 20 lignes avec

un objectif de cinq pouces, ou cinq pouces six lignes de foyer.

Une courte-vûe de dix-huit lignes avec un objectif de quatre pouces, ou quatre pouces six lignes.

Plus le verre concave est d'un foyer court, plus il allonge la Lunette.

Si l'on veut faire une Lunette plus longue que ne font ordinairement les Lunettes de Spectacle, il faut mettre une courte-vûe de vingt lignes avec un objectif de sept pouces, la Lunette aura cinq pouces de tirage ou longueur.

Autres proportions.

Pour une Lunette d'un pouce & demi, une courte-vûe de huit lignes avec un objectif de deux pouces.

Pour la Lunette de deux pouces & demi, une courte-vûe de dix lignes, & un objectif de deux pouces.

Pour une Lunette de trois pouces, une courte-vûe de onze ou douze lignes, & un objectif de trois pouces.

Pour une Lunette de trois pouces & demi, une courte-vûe de treize à quatorze ligne, avec un objectif de trois pouces.

Pour une Lunette de quatre pouces, une courte-vûe de treize à quatorze lignes, avec un objectif de quatre pouces & demi.

Pour une Lunette de six pouces en deux tuyaux, une courte-vûe de seize lignes, avec un objectif de six pouces.

Pour une Lunette de sept pouces, une courte-vûe de dix-huit lignes, avec un objectif de huit pouces, ou huit pouces & quelques lignes.

Pour une Lunette à trois tuyaux, une courte-vûe de vingt-quatre lignes, avec un objectif de douze à quatorze pouces.

Pour une Lunette à quatre tuyaux, une courte-vûe de trente-trois lignes, avec un objectif de seize à dix-huit pouces.

Il est une derniere sorte de Lunette d'Opéra, qu'on nomme communément

Lunette de jalousie, qui a les mêmes proportions que la premiere, quant à la façon des verres, mais dont la différence consiste à avoir un miroir exposé obliquement dans une boëte percée à jour par devant, qui tient à vis à l'extrémité de l'objectif. Son usage est de nous faire voir directement des objets que nous semblons regarder de côté, parce qu'alors ce n'est pas l'objet même que nous voyons, mais sa représentation dans le miroir. On auroit pû les nommer Lunettes de bienséance, puisqu'il n'y a rien qui y soit plus contraire, que de prendre une Lunette ordinaire d'Opéra pour regarder quelqu'un en face. Les personnes qui ont la vûe courte se serviroient plus volontiers de ces sortes de Lunettes, que ceux qui ont la vûe longue, parce qu'ils sont ordinairement mieux vûs de plus loin par ces derniers, qu'ils ne les voyent eux-mêmes de plus près ; d'ailleurs ceux qui ont la vûe longue, peuvent de plus loin cacher l'instrument qui sert à regar-

'der quelqu'un qui se présente à eux, qu'ils ne peuvent cependant pas reconnoître par le seul secours de leurs yeux. Cette espéce de Lunette est toujours inférieure aux Lunettes ordinaires, parce que les rayons réfléchis font des impressions plus foibles que les rayons directs.

CHAPITRE CINQUIEME.

De la Lunette d'approche à quatre verres convexes, & du Telescope à deux verres convexes.

LA Lunette d'approche à quatre verres, composée de plusieurs tuyaux, selon la longueur que l'on veut lui donner, voyez planche III. figure 6ᵉ, a pour premier verre un objectif que l'on nomme ainsi, parce qu'il est placé vers l'objet; il est convexe d'un côté, ou des deux côtés, & doit être d'une certaine épaisseur, afin qu'en l'enfermant dans la boëte qui est à l'extrémité de la

Lunette d'approche, il ne foit pas fufceptible de l'impreffion que la vis pourroit faire fur lui, laquelle altéreroit la courbure de fon foyer, felon l'effort plus ou moins grand que l'on feroit pour ferrer la vis; elle a trois autres verres que l'on nomme oculaires, parce qu'ils font du côté de l'œil. Ces trois verres doivent toujours être convexes des deux côtés. Elle nous rapproche & fait voir les objets plus grands qu'ils ne le font en eux-mêmes. Toutes les réfractions que les rayons de lumiere qui paffent par cette Lunette, fouffrent en traverfant les verres de cet inftrument, nous rendent à la vérité l'objet moins clair qu'il ne paroîtroit à la fimple vûe, mais elle les rapproche de maniere qu'il paroît n'être éloigné de nous que de la longueur de la Lunette qui nous fert à l'obferver.

Pour obferver les Aftres, on fupprime de la Lunette d'approche deux oculaires, & elle devient une feconde forte de Lunette, qu'on raccourcit en faifant rentrer en dedans le dernier tuyau, dont l'ufage n'étant que pour les objets fort éloignés, tels que font les Aftres, lui a fait donner le nom de Telefcope; l'inftrument eft alors compofé de deux verres d'un objectifs & d'un oculaire, qui nous fait paroître les objets renverfés, & plus petits qu'ils ne font, mais d'une maniere plus claire & plus diftincte. L'objet paroît renverfé, parce que les rayons partis des extrémités de cet objet, fe croifent en traverfant les verres.

Dans la Lunette d'approche à quatre verres, les rayons fe croifent plus fouvent. Voyez la planche III. figure premiere. Premierement, entre l'objectif A. & le premier oculaire B. cette premiere tranfpofition renverfe l'objet. Secondement, entre les deux derniers oculaires C. D. ces verres redreffent l'objet, & détruifent l'effet du premier renverfement. 3°. Les rayons fe coupent dans le fond de l'œil fur la rétine E. F. & renverfent l'objet, & le repréfentent de la maniere qu'il doit être vû ; car l'ame rapporte la vûe des objets à l'extrémité des rayons droits qui touchent l'organe de la vûe. Cette Lunette femble être d'intelligence avec l'œil, pour détourner trois fois de leur route les rayons de lumiere qui partent des extrémités de l'objet : & pour en donner la repréfentation entiere d'une maniere droite & naturelle, par une raifon contraire : fi l'on veut voir l'objet renverfé, il faudra qu'il foit peint fur la rétine dans une fituation droite. Tel eft l'effet du Telefcope de réfraction, qui n'a que deux verres, ne produit que deux changemens. Voyez planche III. figure 2ᵉ. Le premier fe fait entre les deux premiers verres A. B. & la feconde entre le verre C. & la rétine D. E. d'où fuit la tranfpofition des rayons qui peignent alors l'objet renverfé.

Dans la Lunette d'Opéra dont on a parlé dans le Chapitre précédent, les rayons de lumiere parviennent à l'œil fans fe couper. Voyez figure III. planche 3ᵉ. cette Lunette augmente l'apparence des objets, parce qu'elle rend les rayons fort divergens , & presque paralleles lorsqu'ils entrent dans l'œil. Cependant elle grossit moins les objets que ne feroit la Lunette à quatre verres, non-seulement parce qu'elle n'est pas si composée, mais encore parce que son oculaire diminuant les objets par lui-même , altère la réfraction du cristallin, qui sert à peindre sur la rétine la représentation des objets.

La différence qu'il y a entre l'effet d'une Lunette d'approche & d'un Telescope de réfraction , c'est que l'une grossit plus les objets que l'autre ; & l'avantage que le Telescope a sur la Lunette d'approche, c'est qu'il fait voir l'objet avec plus de clarté & de distinction. Je l'appelle *Telescope de réfraction*, parce qu'il en est un autre qu'on nomme Telescope de réflexion, composé de miroirs de métal & d'oculaires, dont on doit la découverte au célèbre Newton , & la perfection à de grands

Artistes d'Angleterre. Messieurs Paris, Gonichon, & Passemant, à Paris, se sont rendus très-habiles dans la composition de ces derniers Telescopes.

Régles pour la composition de la Lunette d'approche.

Les tuyaux qui composent la Lunette d'approche doivent avoir à leur extrémité des diaphragmes dont l'ouverture soit proportionnée à la grandeur du verre objectif, qui est le verre principal d'une Lunette d'approche. Plus cet objectif sera parfait, plus il donnera d'ouverture, & nous fera voir l'objet d'un plus grand champ dans le dernier tuyau. On place les trois oculaires, éloignés les uns des autres de la longueur du foyer du bassin dans lequel ils ont été travaillés des deux côtés, c'est-à-dire, à trois pouces l'un de l'autre, s'ils ont été tous travaillés dans un bassin de trois pouces de foyer. Par cette position, les rayons se croisent à dix-huit

lignes de diſtance , & cauſent le ren-
verſement de l'objet qui ſe fera voir d'une
maniere claire & diſtincte, ſi les oculaires ſont façonnés régulierement : quelquefois on ne met que deux oculaires
égaux de foyer entre eux, & le troiſiéme eſt d'un foyer, ou plus court, ou
plus long ; plus court ſi l'on veut forcer
& groſſir davantage l'image de l'objet,
plus long ſi on veut le voir plus clairement & plus diſtinctement ; mais cet
oculaire étant d'un foyer différent des
deux autres, ſe placent différemment.
Les uns le mettent le premier après
l'objectif qui eſt placé à l'extrémité du
tuyau antérieur, les autres premiers du
côté de l'œil, mais toujours de façon
qu'il procure avec celui des oculaires
vis-à-vis duquel il eſt placé, la vûe de
l'objet renverſé : & pour s'aſſûrer du ren-
verſement de l'image de l'objet par les
trois oculaires, ſoit qu'il y ait entre eux
égalité de foyer, ſoit qu'il n'y en ait
point, il faut ſupprimer celui du côté
de l'objectif, ou celui du côté de l'œil

l'un après l'autre , parce que tous les trois enfemble rendent infenfibles ce renverfement , qui eft effentiel à une bonne Lunette d'approche. Le dernier oculaire qui eft le plus proche de l'œil, & le fecond qui eft du côté de l'objec-tif, doivent avoir entre eux un diaphrag-me d'une ouverture des deux tiers de leur diametre ; celui qui eft le plus près de l'œil doit en être éloigné de la lon-gueur de fon foyer ; c'eft-à-dire, que fi le verre a dix-huit lignes , il doit être éloigné de l'œil de dix-huit lignes. Le tuyau porte-oculaire peut être tiré plus ou moins, felon la difpofition de ceux qui s'en fervent ; mais les autres tuyaux doivent refter à la marque dé-terminée de la longueur de la Lunette d'approche. Paffons maintenant aux dif-férentes proportions des verres qui doi-vent fe régler fur la diverfité des lon-gueurs des Lunettes d'approche.

Proportion

Proportion des foyers des objectifs & des oculaires de la Lunette d'approche à quatre verres, & du Telescope à deux verres, diametre ordinaire des objectifs & des oculaires, & de l'ouverture que doivent avoir les diaphragmes des objectifs de différens foyers.

Pour une Lunette d'un pied, l'objectif doit avoir sept pouces six lignes, ou huit pouces de foyer, & huit lignes de diametre ; ouverture de l'objectif, trois lignes & demie, ou quatre lignes ; foyer des oculaires, onze à douze lignes ; diametre ordinaire des oculaires, six lignes.

Pour une Lunette de quatorze ou quinze pouces.

Foyer de l'objectif, neuf ou dix pouces.

Son diametre, huit lignes.

Son ouverture, quatre lignes.

Foyer des oculaires, treize ou quatorze lignes.

Grandeur des oculaires, cinq lignes,

G

Pour une Lunette de dix-huit pouces.

Foyer de l'objectif, quatorze ou quinze pouces.

Diametre de l'objectif, huit lignes & demie.

Son ouverture, quatre lignes & demie.

Foyer des oculaires, quatorze ou quinze lignes.

Leur diametre, six lignes.

Pour une Lunette de vingt pouces.

Foyer de l'objectif, quatorze ou quinze pouces.

Diametre, neuf lignes.

Son ouverture, cinq lignes & demie.

Foyer des oculaires, quinze ou dix-huit lignes.

Leur diametre, six lignes.

Pour une Lunette de deux pieds.

Foyer de l'objectif, 18 ou 20 pouces.

Diametre, 10 lignes.

Son ouverture, 6 lignes.

Foyer des oculaires, 18 ou 20 lig.

Leur diametre, 7 lignes.

Pour une Lunette de trente ou tren-te-deux pouces.

Foyer de l'objectif, 24 ou 26 pouces.
Diametre, 12 lignes.
Son ouverture, 6 lignes $\frac{1}{2}$.
Foyer des oculaires, 20 ou 24 lig.
Leur diamettre, 9 lignes.

Pour une Lunette de trois pieds.
Foyer de l'objectif, 28 ou 30 pouces.
Diametre, 14 lignes.
Son ouverture, 6 ou 7 lignes.
Foyer des oculaires, 20, 21 ou 22 l.
Leur diametre, 10 lignes $\frac{1}{2}$.

Pour forcer la vûe de l'objet donné à l'oculaire du côté de l'œil, 18 li-gnes de foyer.

Pour une Lunette de quarante pou-ces.

Foyer de l'objectif, 28, 33 ou 34 p.
Son diametre, 15 à 16 lignes.
Son ouverture, 7 lignes.
Foyer des oculaires, 22 lig. ou 2 p.
Leur diametre, 11 à 12 lignes.

Pour une Lunette de quatre pieds.
Foyer de l'objectif, 36 ou 40 pouces.
Diametre, 18 lignes.
Son ouverture, 7 lignes $\frac{1}{2}$.
Foyer des oculaires, 24 ou 27 lig.
Leur diametre, 12 lignes.

Pour une Lunette de cinq pieds.
Foyer de l'objectif, 4 pieds.
Diametre 20 lignes.
Son ouverture, 8 lignes.
Foyer des oculaires, 2 pouces $\frac{1}{2}$.
Leur diametre, 13 lignes.

Pour une Lunette de 5 pieds 6 pouces.
Foyer de l'objectif, 4 pieds $\frac{1}{2}$.
Son ouverture, 8 lignes.
Premier ou dernier oculaire, 2 pouces 6 lignes de foyer.
Les deux autres, 3 pouces de foyer chacun.
Grandeur de l'oculaire, 13 ou 14 l.

Pour une Lunette de six pieds.
Foyer de l'objectif, 5 pieds.
Diametre, 21 lignes.

Son ouverture, 9 lignes.

Foyer des oculaires, 2 pouces 6 lignes, ou 3 pouces.

Sa grandeur, 14 ou 15 lignes.

Pour une Lunette de sept pieds.

Foyer de l'objectif, 5 pieds $\frac{1}{2}$ ou 6 pieds.

Son ouverture, 9 ou 10 lignes.

Foyer de l'oculaire, 3 pouces 3 lig.

Sa grandeur, 15 ou 16 lignes.

Pour une Lunette de huit pieds.

Foyer de l'objectif, 7 pieds.

Son ouverture, 11 lignes.

Foyer de l'oculaire, 3 pouces 6 lignes, ou 44. lignes.

Sa grandeur, 15 ou 16 lignes.

Pour une Lunette de neuf pieds.

Foyer de l'objectif, 8 pieds.

Son ouverture, 12 lignes.

Foyer de l'oculaire, 44 ou 48 lig.

Sa grandeur, 16 ou 17 lignes.

Pour une Lunette de 10 ou 12 pieds.

Foyer de l'objectif, 9 ou 10 pieds.

Son ouverture, 12 lignes.

Foyer de l'oculaire, 4 pouces, ou 4 pouces 6 lignes.

Sa grandeur, 17 ou 18 lignes.

Autres proportions selon d'autres Artistes.

Pour une Lunette de trois pieds.

Foyer de l'objectif, 20 ou 21 pouces.

Les deux premiers oculaires, de 2 pouces.

Le troisiéme du côté de l'objectif, de 2 pouces $\frac{1}{4}$. La Lunette tirera trois pieds justes.

L'ouverture de l'objectif, comme nous venons de dire ci-devant.

Pour une Lunette de 3 pieds & demi.

Foyer de l'objectif, 30 pouces.

Trois oculaires de foyer différens.

Le premier du côté de l'œil, de 2 pouces de foyer.

Le second, de 2 pouces $\frac{1}{4}$.

Le troisiéme, de 2 pouces. La Lunette aura 46 pouces de long.

Pour une Lunette de cinq pieds & demi.

Foyer de l'objectif, 4 pieds.

Trois oculaires de 2 pouces $\frac{1}{4}$.

Si on veut la rendre plus claire, on mettra le premier oculaire du côté de l'objectif de 3 pouces de foyer.

Ouverture de l'objectif, 10 lignes.

Pour une Lunette de sept pied.

Foyer de l'objectif, 5 pieds, ou 5 pieds $\frac{1}{2}$.

Les trois oculaires façonnés des deux côtés dans un bassin de 6 pouces $\frac{1}{2}$, qui produiront 3 pouces $\frac{1}{4}$ de foyer,

Ou bien mettez trois oculaires de différens foyers; sçavoir un de 2 pouces $\frac{1}{2}$, un de 3 pouces $\frac{1}{4}$, & un de 4 pouces $\frac{1}{4}$.

Autres proportions pour des Lunettes à quatre verres de différentes longueurs.

Pour une Lunette de sept pieds.
Foyer de l'objectif, 5 pieds.

G iv

Trois oculaires égaux de 3 pouces $\frac{1}{4}$ de foyer.

Si on veut qu'elle groffiffe davantage, il faut que l'oculaire qui eft le plus près de l'objectif foit de 3 pouces de foyer. Il faut prendre garde que le diaphragme ne foit, ni trop grand, ni trop petit pour cette grandeur de Lunette.

L'objectif doit avoir 8 à 9 lignes d'ouverture. Il faut des diaphragmes à l'extrémité de tous les canons, & que le diaphragme qui eft placé après le dernier oculaire, foit un peu plus grand que celui d'entre les deux premiers oculaires : en un mot, ces diaphragmes doivent s'agrandir fucceffivement jufqu'à l'objectif, lequel, s'il eft parfait, fouffrira 1 2 lignes d'ouverture.

Pour une Lunette de neuf pieds.

Foyer de l'objectif, 7 pieds avec trois oculaires ; fçavoir les deux premiers du côté de l'œil de trois pouces & demi , & le troifiéme du côté de l'objectif, de 3 pouces $\frac{1}{4}$, ou même 3 pouces, fi on veut que la Lunette groffiſſe beaucoup. Je ſuppoſe l'objectif des meilleurs, en ce cas quand il auroit un demi pied de plus de foyer que nous n'avons dit, il pourroit fort bien ſervir pour cette longueur de Lunette. Le diaphragme de 7 lignes $\frac{1}{2}$ d'ouverture entre les oculaires de 3 pouces $\frac{1}{2}$ de foyer.

Proportions pour les Teleſcopes de réfraction.

Pour les Aſtres on peut faire des Teleſcopes de réfraction de différentes longueurs. Le plus court eſt celui de 4 pieds, auquel on met un objectif de 4. pieds de foyer, & 18 lignes de diametre, avec un oculaire de 20 lignes de foyer, & 10 à 12 lignes de diametre.

Pour un Teleſcope de cinq pieds. L'objectif, 5 pieds de foyer, & 20 lignes de diametre, avec un oculaire de 2 pouces de foyer, & 13 lignes $\frac{1}{2}$ de diametre.

Pour un Telefcope de fix pieds de longueur.

L'objectif doit avoir 6 pieds de foyer.

Vingt lignes de diametre.

Son oculaire, 2 pouces 3 lignes de foyer.

De diametre, 15 lignes.

Pour un Telefcope de huit pied.

Un objectif de 8 pieds.

Diametre, 2 pouces.

Son oculaire, de 2 pouces $\frac{1}{2}$ de foyer.

Diametre, 16 lignes.

Pour un Telefcope de dix pieds.

Un objectif de 10 pieds.

Son diametre, de 2 pouces.

Son oculaire, de 2 pouces $\frac{1}{2}$ de foyer.

De diametre, 18 lignes.

Pour un Telefcope de douze pieds.

Un objectif de 12 pieds.

Son diametre, 2 pouces.

Son oculaire, 3 pouces de foyer.

Son diametre, 20 lignes.

Cette forte de Lunette d'approche fait paroître les objets renverfés ; mais il importe peu en quelle fituation les Aftres paroiffent, on s'accoûtume bientot à diftinguer leur partie orientale d'avec l'occidentale.

Il ne faut pas fuivre à la lettre toutes les régles & proportions que nous venons de donner, il faut avoir égard à la bonté des verres. Plus l'objectif fera parfait, plus il fouffrira aifément une grande ouverture ; au contraire, s'il n'eft pas excellent, fon ouverture aura moins de champ, & fes oculaires devront être d'un foyer plus long.

Maniere d'éprouver fi un objectif eft bon ; & maniere de fçavoir en quelle proportion une Lunette d'approche groffit le diametre des objets.

Vos verres étant préparés pour une Lunette d'approche d'une longueur déterminée, fi vous voulez éprouver entre plufieurs objectifs lequel eft le meilleur, voici deux manieres de le faire.

Premierement , on peut effayer un objectif avec un des trois oculaires qui lui font deftinés, en ferrant les tuyaux jufqu'à ce que l'objet fe faffe voir avec clarté & diftinction, mais renverfé; ce qui n'empêchera pas de connoître auquel des objectifs qu'on a à effayer on doit donner la préférence. Un objectif qui ne donnera qu'une vûe confufe de l'objet doit être rejetté.

Secondement , on peut effayer un objectif de fept à huit pouces de foyer ; par exemple, avec une courte-vûe de quinze lignes de foyer ; avec cette forte de verre, les objets ne vous paroîtront pas renverfés , mais droits.

Un objectif de neuf, dix, douze ou quatorze pouces de foyer , peut être combiné avec un verre concave de vingt ou vingt-quatre lignes.

Celui de feize , dix-huit , vingt, vingt-quatre pouces , avec un verre concave de vingt-quatre lignes.

Un objectif de trente ou trente-fix pouces, avec une courte-vûe de trente ou trente-six lignes, & ainsi des autres à proportion.

Si on veut sçavoir en quelle proportion une Lunette grossit les objets, voici une maniere d'en faire le calcul : divisez la longueur du foyer de l'objectif par le foyer de l'oculaire, le quotient donnera le nombre de fois que la Lunette grossit le diametre de l'objet. Soit, par exemple, une Lunette à quatre verres dont l'objectif est de cinq pieds de foyer, & l'un de ses oculaires de trois pouces; il faut compter combien de fois le nombre de trois se trouve dans soixante, vous l'y trouverez vingt fois, donc la Lunette d'approche ainsi proportionnée donne une apparence vingt fois plus grande que l'objet.

D'autres Artistes disent, je ne sçai sur quel fondement, qu'un objectif d'un pied de foyer, avec un oculaire dont nous venons de donner les proportions, représente les objets douze fois plus grands; un objectif de deux pieds, vingt fois ; un de trois pieds, vingt-sept fois ; un de quatre pieds, trente-trois fois ; un de cinq pieds, qui selon le calcul que nous venons de marquer, ne donneroit l'apparence de l'objet que vingt fois plus grande, l'augmente selon eux jusqu'à trente-huit. L'objectif de six pieds jusqu'à quarante-trois, celui de sept pieds à quarante-huit, celui de huit pieds à cinquante-deux, celui de neuf pieds à cinquante-quatre, celui de dix pieds à soixante, celui de onze pieds à soixante & quatre, celui de douze pieds à soixante & huit, celui de treize pieds à soixante & douze, celui de quatorze pieds à soixante & quinze, celui de quinze pieds à quatre-vingts, celui de seize pieds à quatre-vingt-deux, celui de dix-sept pieds à quatre-vingt-six, celui de dix-huit pieds à quatre-vingt-neuf, celui de dix-neuf pieds à quatre-vingt-douze, celui de vingt pieds à quatre-vingt-seize fois, celui de vingt & un pieds à quatre-vingt-dix-neuf, celui de vingt-deux pieds à cent deux,

celui de vingt-trois pieds à cent cinq,
celui de vingt-quatre pieds à cent huit,
celui de vingt-cinq pieds à cent douze,
celui de vingt-six pieds à cent quatorze,
celui de vingt-sept pieds à cent seize,
celui de vingt-huit pieds à cent dix-huit,
enfin celui de trente pieds à cent-vingt-cinq fois. Comme on en fait rarement de plus longues, il est inutile d'aller plus loin, & je laisse aux sçavans à décider quel est le sentiment le plus probable.

Nous allons parler maintenant des effets de la Lunette d'approche & du Telescope, utiles l'un & l'autre aux vûes courtes, comme aux vûes longues. Je suppose les premieres, courtes de naissance & bonnes, car pour celles qui de longues qu'elles étoient en naissant, sont devenues courtes par accident, ou par maladie, rarement leur sont-elles de quelque utilité : pour les vûes longues, si foibles qu'elles soient, elles en tireront toujours quelque avantage.

Des effets de la Lunette d'approche.

La Lunette d'approche à quatre verres , compofée d'un objectif & de trois oculaires , & longue de fix pieds, eft celle dont on fait le plus ordinairement d'ufage pour la terre , fur-tout quand on peut avoir cinq ou fix lieues d'horizon ou de pays à parcourir, & que les objets interpofés ne peuvent pas y borner la vûe. Cette Lunette nous repréfente l'image de l'objet plus grande qu'il n'eft, & féparant, ou diftinguant mieux fes différentes parties, en rend l'impreffion plus forte dans le fond de l'œil. Ainfi elle nous procure des fenfations très-agréables. Souvent on prend plaifir à voir diftinctement des endroits éloignés, à remarquer ce qu'on y fait, à fe récréer la vûe d'une multitude d'objets inférieurs, quand on eft placé fur un lieu élevé pendant un tems ferain. On examine encore des campemens d'armées, des fiéges de ville, leur attaque & leur défenfe. On

voit

voit de loin si les ennemis sont en grand nombre, leurs préparatifs, leurs travaux, leurs approches, quelquefois même leurs stratagêmes.

Pour découvrir sur mer les objets éloignés, on se sert de Lunettes plus courtes. Elles n'ont ordinairement que trois pieds ou trois pieds & demi, ou quatre pieds tout au plus : on observe & on reconnoît avec cet instrument les Vaisseaux qui passent, & ceux qui approchent du port.

Effets du Telescope à réfraction.

Le Telescope à réfraction est destiné à nous faire faire des observations dans le Ciel, que les Anciens ont ignorées faute de ce secours. On prétend remarquer dans la Lune des montagnes, des vallées, des plaines, des mers, des fleuves, des forêts, & d'autres plages, qu'on croit être des champs & des terres, au rapport des Philosophes & des Astronomes:on en conclut que cet Astre est un corps raboteux & inégal, sembla-

ble à la terre que nous habitons, car à
mesure que la Lune s'approche ou s'é-
loigne du Soleil, les ombres de ces
montagnes éclairées obliquement, &
qui forment une partie de ses taches,
deviennent plus grandes ou plus petites. Dans la pleine Lune ces ombres font plus petites que dans les
autres phases, & même plusieurs disparoissent, parce que les rayons du Soleil y font reçûs plus directement au
bord de la partie éclairée lorqu'elle
croît ou décroît.

Pour observer le Soleil, il faut avoir
la précaution de mettre un verre de
couleur d'un verd foncé devant l'oculaire, afin que l'œil ne soit pas la vic-
time de l'observation, & donner très-
petite ouverture au diaphragme de l'objectif. Pour sçavoir si les taches que
l'on croit être dans le Soleil font des défauts des verres, il n'y a qu'à tourner les
tuyaux de la Lunette, mettant le dessus
dessous, & le dessous dessus : alors si
les taches font dans quelques verres,

elles tourneront comme la Lunette; si elles sont dans le Soleil, elles demeureront toujours dans la même place.

Les Telescopes de réfraction nous font voir un nombre incroyable d'étoiles dans les endroits mêmes du ciel où l'on ne pensoit pas qu'il y en eut. Ils nous apprennent que cette blancheur que nous voyons au ciel daus un tems serein, appellée *voie lactée*, n'est qu'une multitude d'étoiles, que l'on prétend même être autant de Soleils ou de satellites semblables à notre Soleil & à notre Lune, mais beaucoup plus éloignés qu'eux : pour découvrir un grand nombre d'étoiles fixes dans les endroits du ciel où on en voit très-peu avec les yeux, il faudra donner à l'objectif du Telescope une grande ouverture , & retrancher entierement le diaphragme.

CHAPITRE SIXIEME.

Des Microscopes.

Microscope est un terme Grec, qui signifie un instrument qui sert à voir de petits objets. Le petit nombre des rayons de lumiere qui partent de la surface d'un objet extrémement petit nous le rend insensible, parce qu'alors il ne peut se réunir sur la rétine en assez grande quantité pour y tracer l'image de l'objet. L'invention du Microscope a remédié à ce défaut ; cet instrument rassemble tous les rayons qui se disperseroient avant que d'entrer dans l'œil, & nous procure par-là le spectacle d'une infinité de beautés inconnues à nos peres. C'est l'extrême convexité des verres dont il est composé, qui réunit dans un seul foyer tous les rayons de lumiere partie de chaque point de l'objet : cette réunion étant faite, tout ce qui avoit été pour nous invisible, nous devient aussi sensible que des objets un millier de fois plus gros, & les vûes les plus foibles aidées de cet instrument deviennent aussi perçantes que celles qui sont naturellement le mieux disposées. Voyez planche IV. figure premiere.

Division des Microscopes.

Il y a deux sortes de Microscopes. L'un est simple, & l'autre composé.

Le Microscope simple est d'une seule lentille.

Le Microscope composé est de trois sortes; le premier est composé de deux verres, sçavoir, d'un oculaire & d'une lentille; le second de trois verres, sçavoir de deux oculaires & d'une lentille; le troisiéme de deux oculaires & de plusieurs lentilles, qui s'appliquent dessous le second oculaire les unes après les autres, au nombre de deux, quatre ou six de différens foyers, pour grossir par degrés les objets. Le dernier Microscope

compofé eft appellé ordinairement Microfcope univerfel, parce que fa conftruction eft plus compofée que celle du
fecond; il fert à nous faire voir les qualités des folides & des fluides, & le
mouvement interne des liqueurs, tel
que la circulation du fang dans les animaux.

Des Microfcopes fimples.

Le Microfcope le plus fimple eft
celui qui eft d'une feule *lentille* ; lorfque
cette lentille n'a qu'une ligne ou une
demi - ligne de foyer, on la place entre
deux petites plaques de plomb en feuille
bien minces , après avoir fait avec la
pointe d'une aiguille bien fine une ouverture au centre de ces deux plaques.
On peut faire de ces fortes de lentilles
bien promptement : on prend un petit
morceau de glace qu'on enleve au bout
de la pointe d'une aiguille mouillée, &
on la préfente au feu d'une lampe allumée, & animée par le vent d'un chalumeau le plus court qu'il fera poffible :

dans l'inftant la glace fe fond, & forme
un petit globe qui fert de lentille, dont
le foyer eft d'un quart de ligne, d'une de-
mi-ligne, & quelquefois d'une ligne.

Cette forte de Microfcope s'appelle
engifcope, dont l'étymologie fe tire de
la langue Grecque, & fignifie que l'objet doit être placé bien près de la lentille pour être vû : la furface convexe
de ces petites lentilles étant fort proche
des objets & des yeux, les rayons de
lumiere s'y brifent davantage, & font
reçûs en plus grande quantité dans la
prunelle, à caufe de la petiteffe de ces
verres.

Le Microfcope à boëte n'eft auffi
compofé que d'une lentille élevée fur
une efpéce de tuyau cimenté en haut
& en bas : on le place fur une boëte,
dont la longueur peut porter des lentilles de huit, dix, douze & quatorze
lignes. Il faut que ce canon de verre
foit de la mefure précife du foyer de la
lentille.

Il eft une autre forte de Microfcope
H iv

simple, autrement appellé *Loupe* ; c'est un gros verre convexe des deux côtés, dont le foyer est extrémement court, comme d'un pouce, ou de dix-huit lignes. Les Graveurs, les Horlogers, les Cizeleurs & autres Artistes, se servent communément de cet espéce de Microscope pour pousser leurs ouvrages à un certain point de perfection. Elles servent aussi à déchiffrer les vieilles écritures, à connoître les défauts des diamans, des dentelles, &c.

Autre Microscope, appellé communément Microscope en Lunette d'approche.

Ce Microscope est composé de deux tuyaux garni de deux bonnettes d'ébene aux deux extrémités, lesquelles sont percées à jour l'une & l'autre. Le premier tuyau a une vis & un écrou, pour recevoir la lentille, qui est renfermée dans le couronnement de la boëte, laquelle est pareillement à vis, & que l'on démonte quand on veut essuyer la lentille : le dernier tuyau peut être tiré

autant qu'il eſt beſoin, pour faire appercevoir l'objet d'une maniere claire &
diſtincte. Il porte ſur une rénure intérieure deux glaces, dont l'une eſt ſphé-
rique & placée au centre, & l'autre
plane des deux côtés ; c'eſt ſur cette
derniere que l'on aſſujettit les objets que
l'on veut obſerver, tels que les inſectes
vivans renfermés dans les liqueurs. Cette eſpéce de Microſcope ne peut ſervir qu'à conſidérer les corps diaphanes
ou tranſparens.

Deſcription méchanique , & uſage d'une
derniere ſorte de Microſcope ſimple ,
appellé Microſcope à genouil.

Le Microſcope ſimple , appellé
communément Microſcope à genouil,
dont je vais décrire la conſtruction , eſt
fait avec un cylindre d'argent ou de cuivre, figure II. planche 4 A. B. attaché
par A. à un pied qui ſert de ſoutien à
toute la machine. La partie ſupérieure
B. ſe joint à un autre cylindre de même
matiere, auquel il eſt lié, de ſorte qu'on

peut fléchir à volonté, c'eſt-à-dire, élever ou abaiſſer la pointe C. du petit cylindre, ce qui forme une eſpéce de genouil. Cette pointe étant à vis entre dans l'écrou du cercle C. D. qui borde une petite boëte ou porte-lentille d'ébene, conſiſtant en une calotte qui tourne à vis pour retirer la lentille, & l'eſſuyer quand il eſt néceſſaire. Cette petite boëte eſt percée à jour des deux côtés; l'ouverture du côté de la lentille eſt plus petite que celle du côté de l'œil, parce qu'elle doit être proportionnée au foyer de la lentille. Il faut avoir ſoin de ne pas approcher le verre ſi près de l'œil, qu'il puiſſe être terni par la tranſpiration de cet organe. On ne peut pas avoir moins de deux lentilles & porte-lentilles, ſi on veut faire quelques obſervations un peu intéreſſantes, l'un pour les ſolides, avec une lentille d'environ cinq ou ſix lignes de foyer, & l'autre pour les liquides & la circulation du ſang dans les animaux, avec une lentille de deux lignes, deux lignes &

demie, ou trois lignes de foyer tout au plus. Le long de la branche de ce Microfcope eft une couliffe qui monte & defcend par le moyen d'un petit reffort, à laquelle tient auffi une pince un peu longue, qui fert à fixer les animaux que l'on veut voir vivans, & que l'on peut confidérer des différens côtés, par les mouvemens divers que l'on fait faire à la pince en la tournant, l'avançant & la reculant. A l'extrémité de cette pince eft un tambour E. noir d'un côté, & blanc de l'autre, qui fert de porte-objet. Les objets blancs fe mettent fur le côté noir, & les noirs fur le côté blanc, que l'on fait tourner & approcher de la lentille, jufqu'à ce que l'objet fe découvre avec la clarté & la diftinction requife.

Pour obferver différens animaux, démontez le tambour E. vous trouverez à l'extrémité du pas de vis une pointe qui entroit dans l'écrou placé dans l'épaiffeur du tambour, laquelle vous fervira à les embrocher, de même qu'à vifer fur le même pas de vis une palette percée à jour, pour recevoir une goutte de liqueur, qui la retient aifément en l'y trempant une fois. Si la premiere pêche n'eſt pas avantageuſe, ce qui arrivera ſur-tout quand il fait froid, il en faut faire pluſieurs à différentes repriſes. On peut auſſi fixer dans le bec de la pince de ce Microſcope, une petite bande de glace, pour recevoir des liqueurs, & y découvrir les ſerpentaux ou petites anguilles, telles que celles qui ſe trouvent dans le vinaigre, ſur-tout dans celui qui eſt compoſé. On peut y fixer, ſi l'on veut, certains petits animaux. Pour cet effet on les couvre d'un peu de talc de ſemblable grandeur de la glace, dont il faut faire tenir les extrémités avec un peu d'eau gomée. On verra auſſi la circulation du ſang dans les animaux en les fixant entre les deux pointes de cette pince. On les obſerve à la lumiere d'une chandelle ou bougie, encore plus commodement qu'à celle du jour.

Des Microscopes composés ; régles & proportions qu'il faut observer pour les faire.

Le premier Microscope composé est assorti de deux verres, sçavoir, d'un oculaire & d'une lentille ; & il y a deux tuyaux qui entrent l'un dans l'autre, de maniere que le premier puisse être tellement enfoncé dans l'autre, que le foyer de l'un des verres passe au-delà du foyer de l'autre. Celui qui doit être du côté de l'œil peut porter un oculaire d'un pouce, ou un pouce & demi de foyer. Le second tuyau porte une lentille d'environ deux ou trois lignes de foyer. Plus on écarte ces deux sortes de verres l'un de l'autre, plus l'objet est grossi, & paroît dans une situation droite & naturelle.

Autre proportion pour le premier Microscope composé de deux verres, sçavoir, d'un oculaire & d'une lentille ; l'oculaire aura quatorze ou quinze lignes de foyer, la lentille quatre, ou quatre lignes & demie. La diſtance de ces deux verres ſera de dix ou douze lignes. On peut encore ſe ſervir ici d'un oculaire d'un pouce, ou de quinze à dix-huit lignes de foyer, avec une lentille de trois ou quatre lignes de foyer.

Le ſecond Microſcope compoſé de trois verres, eſt pareillement aſſorti de deux tuyaux; celui qui eſt du côté de l'œil porte à ſon extrémité un verre, qui eſt le premier oculaire, d'un pouce, ou d'un pouce & demi de foyer; & à l'autre bout, un verre de trois pouces, ou trois pouces un quart, à la diſtance l'un de l'autre d'environ trois pouces & demi. L'autre tuyau, dans lequel celui-ci s'emboëte, porte une lentille de deux lignes, deux lignes & demie, trois lignes, ou trois lignes & demie de foyer : la diſtance entre le verre du milieu & la lentille peut être de quatre pouces. Il faut que le Microſcope ſoit monté de façon qu'on puiſſe facilement l'éloigner ou l'approcher de l'objet.

Voici une autre proportion d'un Microfcope à trois verres. Pour le premier oculaire, huit lignes de foyer; pour le fecond, dix-huit lignes; pour la diftance de ces deux verres, douze lignes; pour la lentille, quatre ou cinq lignes de foyer; diftance de la lentille au verre du milieu, trente lignes.

Autres proportions.

Une lentille de quatre lignes de foyer, avec un fecond verre de vingt-cinq ou trente lignes, & un oculaire de dix lignes, qu'il faut éloigner du fecond verre de vingt lignes.

Autre proportion.

Pour le Microfcope à trois verres. Un premier oculaire de deux pouces de foyer, éloigné de l'œil de dix-huit lignes; un fecond oculaire de quatre pouces, éloigné du premier de quatre pouces fix lignes.

Derniere proportion.

Pour le Microfcope à trois verres.

Le premier oculaire, six lignes de foyer; le second, douze lignes de foyer; la lentille, deux lignes de foyer; distance de l'œil au premier oculaire, quatre lignes; celle du premier oculaire au second, quinze lignes; celle du second à la lentille, quatre lignes.

Le troisiéme Microscope composé, appellé Microscope universel, est assorti de deux tuyaux qui entrent l'un dans l'autre; le premier, qui est du côté de l'œil, porte un oculaire d'un pouce de foyer, travaillé des deux côtés dans un bassin de deux pouces; ce premier verre doit être d'un diametre beaucoup plus petit que le second, qui est à l'autre bout opposé, & qui porte un pouce & demi de foyer, façonné des deux côtés dans un bassin de trois pouces; ils doivent être placés à environ deux pouces un quart de distance l'un de l'autre: l'éloignement de ce dernier verre à la lentille, peut être de deux pouces trois quarts. On fait ordinairement usage avec ce Microscope de quatre lentilles; la premiere doit avoir

cinq

cinq ou six lignes de foyer ; la seconde, quatre lignes ; la troisiéme, trois lignes ; la quatriéme, une ligne & demie ou deux lignes. Le Cylindre qui renferme ces verres peut avoir, tout monté, sept pouces de hauteur. Avant que de donner la construction & l'usage du Microscope universel, il est à propos de dire quelque chose de la maniere de faire des lentilles.

De la façon de faire des lentilles.

Nous avons dit au commencement de ce Chapitre, qu'on pouvoit faire des lentilles au chalumeau : mais comme il en faut souffler un grand nombre pour réussir à quelques-unes, cette opération, qui d'ailleurs est nuisible à la santé, n'est pas non-plus la voie la plus sûre ; il faut les travailler à la main autant que faire se peut : cela demande quelques attentions, pour éviter ce que les Ouvriers appellent de les calbotter ; c'est-à-dire, d'en renverser trop les bords : cet excès donne des lentilles d'un foyer plus court que le baſſin même dans lequel on les a faites, inconvénient qui n'eſt de conſéquence pour la ſuite, que parce que la courbure du baſſin venant à changer, ou plûtôt le baſſin prenant deux ſortes de courbures, on n'y peut plus faire de lentilles régulieres.

Les plus petites lentilles ſe peuvent faire à l'archet, évitant toujours avec ſoin un trop grand contour, qui en nous faiſant ſortir du baſſin, eſt ſujet à bien des inconveniens. Il faut dans cette opération, comme dans la façon des verres d'un plus grand diametre, s'écarter le moins que l'on peut de la ligne perpendiculaire aux différentes courbures des baſſins, comme nous l'avons dit ailleurs. Pour polir les plus petites lentilles, il faut pétrir un peu de papier, y imprimer la figure de la lentille; & lorſqu'il ſera ſec, y mettre du tripoli de Veniſe, ou de la porée d'étain, & y polir la lentille à la main, ou à l'archet. On peut auſſi imprimer leur figure fur un morceau de carton, dans lequel on les polira de même.

Conftruction & ufage du Microfcope com-
pofé, appellé Microfcope univerfel,
à réflexion, & réfraction.

Le Microfcope compofé & univerfel eft ainfi nommé, parce que fon ufage eft plus général que celui des autres
Microfcopes. Il nous découvre les qualités occultes des corps folides & des liqueurs ; on y joint un miroir expofé
obliquement aux rayons de la lumiere,
dans une boëte quarrée & percée à jour
par devant, fur laquelle il eft monté,
pour faire appercevoir les corps tranfparens. Voyez figure I. planche 4e.
c'eft pour cela qu'on l'appelle à réflexion. Mais afin d'éclairer les objets
d'une lumiere plus vive & plus abon-
dante que n'eft celle du jour, on y
ajoûte encore une Loupe, montée à
vis fur la partie fupérieure de la boëte,
dans une efpéce de génouil. On place
une bougie derriere cette Loupe, qui

occafionne de grandes réfractions de fu-
miere fur la furface extérieure de l'objet, & l'éclaire de la maniere du monde
la plus vive. Voilà pourquoi cet inftrument eft auffi appellé à réfraction.

On le nomme encore Microfcope à
trois verres, parce qu'il eft compofé de
deux oculaires, & d'une lentille, que
l'on peut changer à fon gré pour en
fubftituer d'autres plus fortes, felon l'exigence des fujets, qui plus ils font infenfibles, plus ils demandent des lentilles d'un foyer court. Les lentilles qui
fe peuvent combiner avec les deux oculaires renfermés dans le canon intérieur
du Cylindre de ce Microfcope, font
au nombre de quatre, fçavoir, deux
pour les folides, une autre pour les liqueurs, & la quatriéme pour voir la cir-
culàtion du fang dans la queue d'un té-
tard, par exemple, dans le mefantere
d'une grenouille, &c.

Pour obferver avec ce Microfcope,
il faut premierement démonter la vis
du haut de la Lunette du canon inté-

rieur, enfuite tirer le canon jufqu'aux points marqués fur le velin à fleur du Cylindre, revêtu de chagrin ou façon de chagrin. Secondement, hauffer ou baiffer le corps du Microfcope le long de la tige de cuivre, vers l'objet qu'on aura expofé fur un tourteau, lequel doit être placé dans l'ouverture qui eft au-deffus du miroir, & immédiatement fous la lentille, enfermée dans une efpéce de cul-de-lampe, faifant la pointe du Microfcope. Ce tourteau ou porte-objet doit être noir d'un côté, & blanc de l'autre, afin de rendre plus fenfibles les objets blans qu'on met fur le noir, & les noirs qu'on met fur le blanc.

Pour obferver par le moyen du miroir la furface extérieure des folides, il faut qu'il y ait un miroir parabolique d'argent, bien poli, attaché fous le porte-lentille même, & percé au centre, pour la communication de la lumiere au Cylindre du Microfcope, & que le porte-objet foit extrémement étroit & attaché avec un fil de laiton le plus fin qu'il fera poffible, afin d'intercepter le moins que l'on pourra des réflexions qui partent du miroir enfermé dans la boëte quarrée, au-deffus duquel eft une ouverture pour recevoir cette efpéce de dame ou tambour dont on vient de parler.

Si les corps que l'on veut voir font tranfparens, il faudra les expofer fur une des petites glaces que l'on trouvera dans le tiroir de la boëte du Microfcope : on fait entrer cette glace dans la couliffe de cuivre en forme de palette percée quarrément, qui tourne à volonté, & qui eft à vis du côté du Microfcope. Pour ces fortes d'objets, il faut faire ufage du miroir de réflexion, afin d'éclairer l'objet par-deffous ; il fera aifé de donner à ce miroir l'inclination convenable, pour faire paffer le jour à travers l'ouverture qui eft au-deffus, en tournant les boutons qui font aux deux côtés de la boëte ; mais il faut avoir foin de bien éclairer la furface du miroir,

& en baiſſant la loupe qui eſt attachée à une vis ſur le bord de la boëte au-deſſous de la lentille du Microſcope, les rayons qui paſſeront à travers cette loupe donneront à la pointe de ſon foyer la vûe claire & diſtincte des parties intérieures de l'objet ; ces deux ſortes de lumieres réunies enſemble , rendront ſenſibles les parties les plus déliées d'un corps diaphane. Si l'objet eſt extrémement petit , il faudra ôter la lentille du premier degré , & en mettre une ſeconde , qui groſſiſſe davantage : puis une troiſiéme , & même une quatriéme. Les différentes ouvertures des porte-lentilles indiquent la différence de leur foyer ; les deux derniers ſont d'un diametre beaucoup plus court ; leurs lentilles groſſiſſent par conſéquent beaucoup plus que les premiers. Le corps du Microſcope doit être abaiſſé ſur les objets juſqu'à ce qu'ils en augmentent la grandeur le plus qu'il eſt poſſible , en les offrant néanmoins d'une maniere claire & diſtincte. Voilà les qualilités essentielles d'un bon Microscope.

Il sert à observer les mouvemens des petits animaux qui sont dans le vinaigre, dans l'eau d'huîtres, dans l'eau corrompue, dans les infusions d'herbes, de fleurs, de poudre de bois pourri, de poivre noir, &c. Ces animaux se manifestent en grande quantité, après vingt-quatre heures de fermentation. L'hyver on en voit moins que l'été; & plus il fait chaud, plus on en découvre. On met une goutte de ces liqueurs sur une des glaces que l'on trouvera dans le tiroir du Microscope : si la premiere pêche n'est pas heureuse, il faut y retourner avec le bout d'une plume qui ne soit pas taillée ; il est d'une grande conséquence de bien éclairer certains objets; il en est d'autres qui demandent peu de lumiere à l'égard des corps transparens. Voici deux manieres dont on peut faire usage de ce Microscope : faites dans le volet d'une fenêtre une ouverture du diametre de celle de la boëte du Microscope , dans laquelle est enfermé votre miroir de réflexion ; faites-en autant dans la même chambre à une autre fenêtre éclairée du Soleil : là ces deux ouvertures vous donneront deux fortes de réflexions, qui vous feront tirer d'un bon Microscope tout l'avantage & tout l'agrément qu'on peut en attendre. La chambre destinée à ces expériences doit être exactement fermée, & il ne doit venir de jour que celui qui peut passer alternativement par celle des deux ouvertures dont on a parlé, & dont les rayons font réfléchis par le miroir. La circulation du sang dans les animaux est beaucoup plus sensible par cette méthode ; mais la loupe alors qui est sur le devant de la boëte devient inutile. La troisième lentille, c'est-à-dire, celle dont l'ouverture n'est pas si petite que celle de la derniere, est destinée pour les liqueurs.

La quatrième lentille sert particulierement à observer la circulation du sang dans les animaux, ce qui s'exécute de deux façons ; la premiere en fixant l'animal par quelques parties du corps dans le bec de la pince, qui eſt placée de côté ſur la planche qui reçoit le Microſcope, & qui s'ouvre en ſerrant entre deux doigts les deux boutons de cuivre; elle tourne à volonté étant placée ſur un génouil : alors faiſant paſſer l'animal entre la lentille & l'ouverture qui eſt au deſſus du miroir, ſi le corps de l'animal eſt bien tranſparent, l'on en verra aiſément la circulation du ſang, faiſant toujours uſage du miroir de réflexion, & de la loupe, excepté dans la chambre obſcure dont nous venons de parler; l'une & l'autre éclairant les parties internes de l'animal, en rendront les mouvemens plus ſenſibles.

La ſeconde façon eſt de fixer l'animal, s'il eſt bien petit, entre deux glaces, dont l'une ne ſera pas arrêtée ; par ce moyen il aura un peu de liberté pour ſe mouvoir, ce qui facilitera l'obſervation du jeu de ſes organes; s'il eſt trop gros pour être ainſi retenu, il n'y a qu'à le lier ſur le porte-glace, & y fixer la partie la plus tranfparente de fon corps, qu'il faut alors expofer fur l'ouverture qui reçoit la lumiere du miroir, & celle de la loupe. La pouffiere de l'aîle d'un papillon, & autres objets pareils, peuvent fe mettre fur une glace plane des deux côtés, qu'on fait entrer dans le porte - glace, & qu'on éclaire, comme il a été dit ci-deffus. On verra par le moyen de ce Microfcope, que la pouffiere de l'aîle d'un papillon reffemble aux plumes des oifeaux, &c.

Nous avons donné les différens foyers de ces quatre fortes de lentilles dans les proportions pour la compofition des Microfcopes à trois verres: il fuffit de dire que les deux dernieres étans deftinées à obferver les objets les plus déliés; plus l'objet eft petit, plus l'ouverture du porte-lentille doit être petite; parce qu'une grande quantité de rayons de lumiere feroit capable d'effacer l'impreffion des foibles rayons qui partent de l'objet que l'on veut voir. Voilà pourquoi ces fortes d'objets fe voyent beaucoup mieux à la lumiere d'une bougie que l'on met devant le miroir, dans une chambre dont on a fermé tous les volets, qu'à l'aide du grand jour.

Maniere de connoître combien le Microfcope groffit les objets.

Pour connoître combien le Microfcope groffit les objets, regardez à travers cet inftrument, l'objet fixé fous la lentille; tenez d'une main un compas ouvert de la largeur dont l'objet vous paroît; répétez plufieurs fois l'obfervation, pour vous bien affûrer de la conformité de la grandeur apparente de l'objet, à l'ouverture de votre compas : faites fur un papier blanc deux points diftans l'un de l'autre, comme les pointes de votre compas : enfuite prenez le diametre de l'objet hors du Microfcope, & tel qu'il peut paroître aux yeux, la comparaifon de ces deux mefures vous donnera ce que vous cherchez:

de même si vous examinez la route des rayons de la lumiere à travers la lentille du Microſcope, planche IV. & figure 3ᵉ, avec un compas, vous pouvez meſurer combien l'objet A. groſſit entre les deux oculaires B. C. car quoiqu'il ſe repréſente ſur le fond de la rétine D. E. preſque auſſi petit qu'il l'eſt en lui-même, cependant comme la ſenſation de la vûe ſe fait à l'extrémité des rayons droits, l'objet en D. E. nous paroît auſſi grand que B. C.

Effets ſurprenans du Microſcope.

Le Microſcope à trois verres, accompagné de quatre ou ſix lentilles de différens foyers, nommé Microſcope univerſel à réflexion & à réfraction, eſt celui de tous les Microſcopes le plus agréable & le plus inſtructif; il nous découvre des qualités dans la nature, dont nous n'aurions abſolument aucune idée ſans ſon ſecours; il nous apprend que l'opacité des corps vient uniquement de l'obftacle que leurs parties folides oppofent à la lumiere dont ils interceptent les rayons en obftruant les pores, en les interompant, ou en les rendant obliques & tortueux. Si l'opacité étoit ôtée de tous les corps, nous ne pourrions voir que les corps lumineux, parce qu'alors rien ne pourroit réfléchir les rayons qui pafferoient outre fans réfiftance. Le Microfcope groffit tous les objets qui échappent à notre vûe, de forte qu'une petite pincée de fablon femble être un amas de morceaux différemment taillés, & auffi tranfparens que du criftal de roche. La poudre blanche de l'aîle d'un papillon expofée au Microfcope, nous montre une infinité de découpures & & de figures diverfement arrangées, que nous n'y aurions jamais foupçonnées. J'en ai vû qui reffembloient à des tulipes. Un brin de poil, de plume, paroît être une autre plume lui-même ; c'eft-à-dire, compofé d'un tuyau dans le milieu, & d'autres petits poils de chaque côté. Si on examine quelques échantillons d'étoffe de foie, on fera tout étonné d'en voir quelques poils d'une autre couleur que celle qui paroît à nos yeux. Si on veut on pourra compter tous les brins de foie qui compofent la trame & la chaîne de ces étoffes. Si on en éfile un brin, on comptera même jufqu'aux fils qui les compofent. Une petite moififfure paroît un jardin rempli d'herbes & de plantes. Une goutte d'eau où il y a eu quelques plantes infufées, reffemble à une mer qui contient une infinité d'animaux vivans. Le Microfcope nous prouve que l'air & l'eau font des corps diaphanes, quoiqu'ils ne foient pas dûrs comme le crif-tal, la glace, le verre, le talc, &c. que le différent arrangement des parties du même corps peut lui faire perdre fa tranfparence, comme il arrive quand on dégroffit un verre, pour, de plan qu'il étoit, lui faire prendre une forme fphérique : mais le douci & le poli lui reftituent la diaphanéité, & débouchent les pores. Tous les objets que l'on confidére avec le Microfcope, offrent aux yeux des fpectacles admirables qui furprennent d'autant plus qu'on s'y atend moins.

Conftruction d'un Telefcope de réflexion, imprimé à Paris chez Lottin rue faint Jacques à la Vérité, près la rue de la Parcheminerie.

L'Auteur du Livre intitulé, *Conftruction du Telefcope de réflexion*, a fait plufieurs obfervations curieufes fur cette matiere, il dit, page 129 : „ Que les pe-
„ tites parties d'acier qui tombent fur la
„ mêche, lorfqu'on fait du feu avec le fu-
„ fil, paroiffent comme de petites bal-
„ les de plomb rondes par dehors, &
„ creufes en dedans , ce qui prouve,
„ dit-il, combien eft grande l'activité
„ de ces étincelles qui fondent en un
„ inftant ces parties d'acier, & les ren-
„ dent affez liquides pour prendre en
„ tombant une figure fphérique du côté
„ qui divife l'air, & creufe de l'autre cô-
„ té, qui eft au-deffus où la matiere a
„ manqué. La pouffiere qui fe trouve
„ dans le bois verd-moulu, fe voit rem-
„ plie d'une infinité de petits ani-
„ maux vivans, auffi bien que le fro-
mage,

„ mage, lorsqu'en se séchant il tombe
„ en poudre : presque toutes les plan-
„ tes desséchées donnent naissance à di-
„ verses especes de petits insectes qui
„ sortent des œufs qui y étoient répan-
„ dus. La sauge, par exemple, n'étant
„ pas lavée, est souvent très-pernicieu-
„ se. On a remarqué que cette maligni-
„ té provenoit d'une multitude de petits
„ animaux qui sont sur les feuilles de
„ cette plante, qui y déposent leurs
„ œufs, & se couvrent d'une toille sem-
„ blable à celle des araignées, mais insen-
„ sible à la vûe. Un ciron qui ne paroît que
„ comme un point, se voit tout couvert
„ de poil, & presque semblable à un
„ ours. Une puce a les pattes velues,
„ & comme armées de pointes très-ai-
„ guës, & ressemble à peu près à une
„ écrevisse. Si l'on examine la queue
„ de certains petits poissons qui sont un
„ peu transparens, on voit la circulation
„ de leur sang qui va & qui revient, des
„ arteres dans leurs veines. Si on prend
„ une goutte d'eau où ayent trempé un

K

„ jour ou deux du foin, ou d'autres her-
„ bes féches, on y apperçoit un nom-
„ bre furprenant de petites anguilles,
„ qui y nagent auffi bien que dans le vi-
„ naigre. Dans une goutte d'eau d'Huî-
„ tre à l'écaille , nous en découvrons
„ plufieurs autres de même efpéce. Si
„ l'on met dans de l'eau du poivre noir
„ infufer une nuit, le lendemain on y
„ remarque de petits animaux dont on
„ diftingue les pieds, la queue, la tête
„ & les yeux, d'où l'on peut juger de
„ quelle délicateffe font les os , les
„ nerfs, les veines, les arteres qui les
„ compofent; quelle eft la fubtilité des
„ pellicules & des liqueurs de leurs
„ yeux; quelle doit être l'organifation
„ de leurs mufcles, de leur cerveau, de
„ leur cœur, & de quelle fluidité il
„ faut que foit leur fang, & fur-tout ces
„ efprits animaux qui donnent le mou-
„ vement à ces petits infectes. " Ce que
les meilleures vûes ne peuvent appercevoir fans le fecours du Microfcope,
dont Dieu a permis que l'on découvrît.

le méchanisme, pour nous donner une haute idée de sa grandeur & de sa puissance infinies. Nos peres ont été privés de cet avantage, & par conséquent d'une infinité de connoissances utiles & curieuses que nous procure ce Microscope : peut-être que les siecles à venir trouveront quelque invention plus parfaite encore, & plus avantageuse.

Je ne m'arrêterai point à détailler ici les différentes infusions que chacun peut faire, pour ne point ôter à mes lecteurs le plaisir qu'ils se procureront par leurs propres découvertes. D'ailleurs nous ne voyons pas tous les mêmes objets également ; les uns ont la vûe longue, les autres l'ont courte ; les premieres voyent les objets de relief, & les autres d'une maniere plus imparfaite. Le résultat de plusieurs observations que j'ai faites moi-même, pourroit ne pas paroître uniforme à d'autres yeux : chacun se satisfera avec cet instrument, selon la disposition de sa vûe. L'avis que je donne ici, ne sera pas inutile à ceux qui voudront y faire attention ; il leur apprendra à ne pas se forcer la vûe pour découvrir un objet de la même façon dont un autre l'a vû ; il détruira encore la fausse idée de quelques-uns, qui attribuent sans fondement, au vice du Microscope, la diversité des apparences qu'ils voyent dans les objets, lorsqu'ils les comparent aux observations des autres.

CHAPITRE SEPTIEME.

Des Prismes ou Triangles.

LE *Prisme* est un solide de cristal ou de glace, qui a trois surfaces parallelogrammes planes & polies, terminées de chaque côté par une base triangulaire. Les objets que l'on regarde au travers du Prisme, paroissent ornés de couleur rouge, jaune, verte, bleue, & violette. Le Prisme ne doit avoir de lui-même aucune couleur dominante.

dans sa matiere ; plus cette matiere sera blanche & exempte de fils de verre , plus la réfraction des rayons de lumiere y sera sensible : mais cette réfraction elle-même , causée par l'obliquité des surfaces du Prisme , fournit les nuances dont il colore les objets. Voyez planche III. figure 4ᵉ.

Maniere de façonner les Prismes.

Il y a deux sortes de Prismes ; les uns sont faits de morceaux de glace brute & taillés en forme de Prisme ; les autres sont composés de trois bandes de glace d'égale longueur & largeur, dont les bords sont travaillés en bizeaux plans sur un rondeau parfaitement droit , afin que ces glaces appliquées obliquement les unes contre les autres, tiennent ensemble , comme tiendroient deux glaces planes exactement travaillées. Les trois bandes de glace ainsi réunies, sont fixées d'un côté dans un bout de cuivre, dont les bords se replient sur l'extrémité des glaces : cela étant fait, on remplit entierement d'eau le Prifme par l'autre bout oppofé, que l'on couvre de même d'une plaque de cuivre, dont les bords également repliés, fe garniffent de ciment ou maftic, pour empêcher l'eau de s'échapper du Prifme. En voilà affez touchant cette feconde efpece. Ceux de la premiere font plus difficiles à façonner, c'eft pourquoi j'ajoûterai l'inftruction fuivante. Le morceau de glace deftiné à faire un Prifme, fe taille d'abord quarrément ; enfuite il doit être encimenté, felon fa longueur, dans un morceau de bois, taillé de façon qu'il embraffe l'un des angles folides & deux furfaces du morceau de verre : après quoi on ufe, à force de grais, l'angle oppofé fur un rondeau de fer qui foit d'un plan exact ; par-là le morceau de glace qui étoit d'abord un parallelipipede, devient prifmatique. Ce travail demande quelque attention. Si on veut avoir un Prifme dont les furfaces parallelogrammes foient égales entre elles; après que le Prifme a paffé fur le rondeau de fer, il faut le doucir avec le rondeau de cuivre fur lequel il faudra encore le polir au papier, comme nous avons dit en parlant de la conftruction des verres plans. Le morceau de glace brute qu'on a coupé quarrément n'ayant qu'une furface polie après cette premiere opération, on eft obligé de façonner la feconde furface avec le même foin. La troifiéme, toute polie qu'elle paroiffe d'abord par la coupe du verre, doit être auffi perfectionnée de même, fans quoi elle ne feroit pas régulierement plane, & ne prendroit pas également par-tout fur le rondeau, même en la dégroffiffant ; car elle conferveroit par endroits certains reftes de fon poli, qu'il eft abfolument néceffaire d'atteindre pour faire un plan régulier. Ces trois furfaces ayant été atteintes, douciés & polies, on fait armer & garnir les deux extrémités de ces Prifmes avec des plaques de cuivre ou d'argent, terminées par un bouton qui fert à les manier plus commodément, & à empêcher que la

K iv

vapeur occafionnée par la chaleur des mains, ne couvre la furface du verre, ce qui nuiroit beaucoup à la réfraction des rayons de la lumiere. Voyez la figure IV. planche 3e.

On fait des Prifmes dans les Verreries ; mais ils font bien inférieurs à ceux dont nous donnons la conftruction. Entre plufieurs défauts de ces premiers, on peut compter l'irrégularité du plan de leurs furfaces, jointes à un grand nombre de fils ou fillonemens, dont leur matiere eft ordinairement remplie. Il n'en faut pas davantage pour altérer la réfraction & l'inflexion des rayons de la lumiere; d'où il fuit que ces Prifmes repandent très-peu de couleurs fur les objets, & nous privent de la vûe des beautés qu'on a droit d'en attendre.

Effets du Prifme.

Monfieur Newton, dans fon traité d'Optique, prétend que la lumiere eft compofée de plufieurs rayons hétérogenes, qui ont tous différentes propriétés;

c'eft-à-dire, qu'il y en a qui excitent dans les yeux la fenfation du rouge, d'autres la fenfation du jaune, ou des autres couleurs ; que parmi ces rayons, les uns fe brifent davantage, & les autres moins, quand ils paffent obliquement par des milieux diaphanes de différentes efpeces, d'où il fuit que ces rayons fe réfléchiffent différemment.

La lumiere nous fait appercevoir les corps qui nous environnent, fans nous faire connoître ce qu'elle eft en elle-même : c'eft pourquoi, malgré tout ce que nous en ont appris les Philofophes, on peut encore dire d'elle ce qu'en difoit S. Auguftin : *Si quæris à me quid fit lumen, nefcio ; fi non quæris, fcio.* Si vous me demandez ce que c'eft que la lumiere, je vous répondrai que je n'en fçai rien : fi vous ne me le demandez point, je le fçai. Ainfi fans entrer dans des difcuffions fur la nature de la lumiere, qui ne font pas de mon reffort, je me contente ici d'en juger par les impreffions qu'elle fait fur les organes propres à la

recevoir. Or ces impreſſions ou ſenſa-
tions, qui font que les corps paroiſſent
jaunes, bleues & violets, s'appelleront
rayons jaunes, bleus & violets, pour
entrer dans le ſentiment d'Ariſtote, qui
dit qu'il faut parler comme le vulgaire,
& penſer comme le petit nombre : *Lo-
quendum ut multi, ſentiendum ut pauci.*

Mais pour venir aux expériences que
l'on peut faire par le moyen du Priſme,
je dirai que les plus curieuſes ſont celles que M. Newton a imaginées. Il faut
pour cela ſe mettre dans une chambre
exactement fermée, & que l'on rend
inacceſſible à la lumiere, ſi ce n'eſt par
une petite ouverture qui donne paſſage
aux rayons du Soleil : vis-à-vis cette
ouverture il faut tendre un drap, ou un
papier blanc, ſur la ſurface duquel puiſſent être reçûs les rayons. Lorſque ces
rayons auront paſſés au travers du Priſme, ils feront paroître deux images ſur
le papier, & dans chacune d'elles cinq
couleurs principales ſemblables à celles
de l'*Arc-en-Ciel.* Si on veut oppoſer au

Prifme ainfi difpofé, un grand verre à
facette, & un objectif de trois, quatre
ou cinq pieds de foyer, il paroîtra fur le
papier autant de places colorées qu'il y
aura de faces à ce verre ; ces images feront même plus brillantes qu'aucune
pierre précieufe : mais à l'endroit où ces
images fe toucheront, on verra comme
une étoile d'un éclat admirable. C'eft
par les effets du Prifme que M. Newton
prouve la diftinction des rayons du Soleil, de même que leur inflexion, &
leur différente réfrangibilité. Ceux qui
voudront s'inftruire amplement fur cette
matiere, peuvent confulter les Ouvrages de ce célébre Philofophe, ou les
Entretiens Phyfiques du Pere Regnault
tome III. ou les Leçons Phyfiques de
M. l'Abbé Nolet, &c.

CHAPITRE HUITIEME.

De la Perspective illusoire d'Optique & du Cylindre.

De la Perspective illusoire d'Optique.

LA Perspective illusoire d'Optique est ainsi nommée, parce qu'elle trompe notre vûe, en nous faisant voir des objets tout-à-fait différens de ce qu'ils font en eux-mêmes, par le moyen d'un verre taillé à facettes angulaires. On met un ou plusieurs tableaux, qui repréfentent diverses chofes dans une boëte quarrée, au bout de laquelle fe trouve élevé un verre angulaire taillé en pyramide, ou terminé en pointe, & renfermé dans un tuyau d'environ trois pouces de longueur, dont les faces planes regardent le tableau, & les angles font tournées du côté de l'œil. A l'autre extrémité du tuyau, est une petite ouverture perpen-

diculaire à la pointe de ces angles, &
parallele au tableau que l'on veut voir :
alors tournant le dos au jour, pour recevoir les rayons réfléchis qui partent
du tableau, & viennent fur la furface du
verre : ceux qui rencontrent perpendiculairement cette furface, ne fe brifent
point, tous les autres qui la rencontrent
obliquement fe brifent. Ces rayons vont
directement à l'œil, qui les apperçoit
comme s'ils venoient en ligne droite
des points de l'objet, parce que l'ame
eft accoûtumée à rapporter les objets à
l'extrémité des rayons directs qui frappent l'organe de la vûe, quoique fouvent cette impreffion foit caufée par des
rayons brifés ou réfléchis.

Le Peintre qui exécute les tableaux
de cette Perfpective illufoire, doit en
cacher l'artifice. Si l'on veut, par exemple, repréfenter une figure humaine, il
faut en deffiner les différentes parties en
différens endroits du tableau, éloignées
les unes des autres. Pour cela le Peintre
eft obligé d'avoir toujours ce verre à fa-

cettes à la main pour diriger fon pinceau; car ces parties, quoique réellement féparées , doivent paroître compofer un tout régulier. La perfeĉtion de ces tableaux confifte à les difpofer de maniere , qu'ils puiffent caufer beaucoup de furprife , par la différence des objets vûs fimplement, d'avec les mêmes objets vûs à travers le verre. Le tableau, par exemple, repréfentera un bois, ou une maifon de campagne, qui difparoîtront fur la pyramide , pour ne laiffer voir que la figure d'une bouteille de vin , ou d'un animal placé direĉtement au milieu du tableau, enforte que l'on n'apperçoive aucun rapport de l'un à l'autre. Un autre tableau pourra repréfenter un excellent déjeuné, compofé de jambons, de bouteilles de vin, des caraffes pleines d'eau, du pain , des couteaux, fourchettes, &c. A travers le verre on ne verra qu'un papillon qui s'envole. On trouve difficilement des Peintres capables d'inventer ces fortes de tableaux, parce qu'il y faut obferver des proportions très-exactes, qui puiſſent également convenir à des ſujets diſparates.

Il eſt une ſeconde ſorte de verres à facettes, que l'on appelle multiplicateurs, ou multiplians; ils ont pluſieurs faces, au travers deſquelles on apperçoit un objet en autant de lieux différens qu'il y a de facettes ſur le verre. Ces images ſéparées & diſtinctes cauſent la même ſenſation que cauſeroient pluſieurs objets ſemblables. On a connu par le moyen du Microſcope, que les yeux des mouches ont un grand nombre de facettes.

L'Auteur du Spectacle de la Nature prétend que cette ſtructure admirable eſt très-néceſſaire à ces animaux, pour mieux appercevoir les objets qui les environnent, afin d'éviter ceux qui leur ſont nuiſibles, & qu'elle ſupplée au défaut de mouvement qu'ils ne ſçauroient donner à leurs yeux, ni même à leur tête.

Il y a une ſeconde eſpéce de Perſpective optique, que l'on nomme Perſpective amuſante; c'eſt celle qui par le

moyen d'un miroir placé obliquement
au haut d'une boëte, rappelle les objets
de bas en haut, & de perpendiculaire
qu'ils font les uns aux autres, les fait paroître paralleles, & plus éloignés qu'ils
ne font réellement. Le jeu de ce miroir
exige les précautions ou préparations
fuivantes. Il faut que les figures dont on
veut faire ufage foient difpofées en forme de pyramides renverfées, ou tracées, felon les proportions de la Perfpective ; enforte que la plus éloignée,
qui fera placée au fond de la boëte, foit
la plus petite, & les autres plus grandes, à proportion qu'elles feront plus
voifines du miroir. Cet artifice eft une
imitation de la nature, qui nous peint
les objets dans l'œil. Une avenue d'arbres, par exemple, fous la forme d'un
angle, dont la pointe femble rapprocher
les plus éloignés, tandis que les plus
voifins femblent s'écarter à mefure que
les côtés de l'angle vifuel s'élargiffent.
C'eft pour cela que les figures dont nous
parlons doivent être difpofées à la renverfe,

verse, car le miroir les redresse, & si elles étoient droites, elles paroîtroient renversées dans le miroir. Nous avons déja fait voir ailleurs que les rayons de lumiere, en se croisant, produisent ce renversement, qu'il est nécessaire de prévenir ici, afin de voir les objets dans leur situation naturelle sur le miroir optique. Ce miroir n'est autre chose qu'une simple glace plane des deux côtés, & mise au tain, enduite de vif-argent d'un côté. Il faut de plus se pourvoir d'un objectif qui soit dirigé précisément vers le milieu de la glace, vis-à-vis d'une ouverture faite exprès à la boëte. Le foyer de ce verre doit être de la longueur de la boëte. Si la boëte porte deux pieds de haut, l'objectif doit avoir vingt-quatre pouces de foyer, & ainsi des autres à proportion.

Cette sorte de Perspective représente les objets éloignés de deux ou trois pieds, comme s'ils étoient à plusieurs toises, & cela à la distance de cinq à six pouces, qui peut se trouver entre l'objectif

L

& le miroir. Ce miroir, que l'on place au haut de la boëte, doit être incliné de quarante-cinq degrés à l'horizon. L'ouverture de la boëte doit s'étendre jusqu'à la figure qui eſt la plus proche de la partie inférieure du miroir, lequel doit être arrêté exactement dans la boëte, pour former une Perſpective bien éclairée & bien parfaite. Il faut donc obſerver quatre choſes. 1°. La diſpoſition des figures & leur arrangement en forme pyramidale. 2°. L'inclination de la glace principale, qui doit être étamée, doucie, bien polie, & la plus parfaitement plane qu'il ſera poſſible, autrement les objets paroîtront un peu tortus. 3°. Il faut encore tapiſſer les côtés de la boëte de deux autres glaces poſées parallelement vis-à-vis l'une de l'autre, près de la glace principale qui eſt dans le fonds. 4°. Avoir un objectif le plus parfait qu'il ſera poſſible.

Du Cylindre.

Il y a quatre ſortes de *Cylindres* de

métal. Le premier eft convexe d'un côté, concave de l'autre, & reffemble à
la moitié d'un tuyau ou canal coupé
verticalement. Voyez planche feconde,
figure 6ᵉ. Le fecond eft convexe auffi,
mais coupé en angles & furfaces planes ; on l'appelle Cylindre à pans.
Voyez planche feconde, figure 7ᵉ. Le
troifiéme, nommé pyramide, eft auffi
à pans coupés ; mais tous fes angles fe
terminent à une feule pointe parfaitement aiguë. Voyez planche feconde,
figure 8ᵉ. Le quatriéme s'appelle cône,
& reffemble à un pain de fucre, dont le
bout eft parfaitement en pointe, & la
bafe circulaire. Voyez la figure 9ᵉ.
planche feconde.

Effets du Cylindre.

L'effet des *Miroirs cylindriques &*
coniques, eft de raffembler les rayons
écartés, & d'écarter ceux qui font réunis. Par leurs figures mêlées de la ligne
droite & de la circulaire, ils partici-
pent des miroirs plans, & des miroirs

convexes ; s'ils font faits d'un métal bien
pur, bien régulier, & bien poli, ils deviennent auffi intéreffans que ceux de la
Perfpective illufoire; car ils font paroître
régulieres des images peintes d'une maniere difforme, & où l'on ne connoît rien
en les regardant à la fimple vûe. Ces figures étant deffinées ou peintes fur un
carton, fi on expofe au milieu une pyramide dont les faces foient polies, en
plaçant l'œil au-deffus de la pointe de
cette pyramide, on apperçoit l'image
qui eft peinte fur le carton, repréfentée
exactement dans fes proportions fur les
faces de cette pyramide. Les furfaces
convexes du Cylindre de la premiere
efpece, nous repréfentent les images
plus petites que fi elles étoient repré-
fentées par des miroirs plans; c'eft pourquoi cette image eft deffinée fort au
large. Voyez figure 10 planche feconde, & parce que leurs courbures rétre-
ciffent extraordinairement l'image réguliere des objets, l'objet eft repréfenté
très-difforme à la vûe fur le carton qui

est posé sous ce Cylindre : c'est à quoi
doivent avoir égard ceux qui peignent
ces sortes de figures.

CHAPITRE NEUVIEME.

*Maniere de repréſenter les objets renverſés & redreſſés dans un Chambre obſcure, par le moyen des verres convexes de la boëte d'Optique , autrement dite Chambre
noire.*

L'Œil eſt ſemblable à une chambre
fermée, où il n'y a qu'une petite
ouverture , par laquelle paſſent les
rayons de lumiere. Les humeurs contenues dans cette organe , ſervent de
verres convexes , qui réuniſſent les
rayons, & peignent les objets renverſés ſur la rétine, comme ſur une toile
ou papier. Ces objets néanmoins ne
nous paroiſſent pas renverſés , parce

que, comme nous l'avons déja dit ailleurs, nous rapportons chaque impreffion à l'extrémité des lignes droites for-
mées par les rayons de lumiere. On
leur donne le nom de Pinceaux optiques, parce qu'on fe les repréfente
comme deux cônes oppofés par la
pointe, & formés par un nombre indé-
fini de rayons, que chaque point de
l'objet envoie, & qui couvre toute la
prunelle de l'œil. C'eft là que les rayons
venant à fe rompre fe rapprochent les uns
des autres, & après s'être croifés, vont
fe réunir fur un feul point de la rétine.

C'eft donc la méchanique de l'œil qui
a donné l'idée de la Chambre obfcure;
elle doit être tellement clofe, qu'elle
ne reçoive de jour que par une ouverture pratiquée à un volet à la hauteur des objets que l'on veut voir. Il
faut enfuite y ajufter deux tuyaux qui
puiffent entrer l'un dans l'autre; à l'extrémité du fecond tuyau, on met un
verre objectif de fix, huit, dix ou douze

pieds de foyer, & l'on tend un drap blanc de toile au foyer de ce verre. Les objets qui feront vis-à-vis feront repréfentés exactement avec leurs couleurs fur le drap dans une fituation renverfée. Si quelqu'un vient à paffer, il paroîtra fur le drap marcher les pieds en haut, & la tête en bas.

Le verre objectif dont le foyer fe trouve fur le drap, réunit & raffemble exactement les rayons de lumiere qu'il reçoit de chaque point des objets extérieurs. Ces rayons de lumiere qui partent de chaque point éclairés de l'objet, paffent à travers ce verre, & s'étant croifés, fe raffemblent fur le drap dans un ordre renverfé & fans confufion, parce que ces rayons de lumiere qui partent du bas de l'objet vont rencontrer le bas du drap. Voyez la figure 5ᵉ. planche 3. Les rayons ainfi croifés au foyer de l'objectif, doivent faire paroître ces images renverfées ; mais comme toutes les parties de ces objets extérieurs ne réfléchiffent pas la lumiere avec une égale force, il y a des parties de l'image plus ou moins vivement éclairées, d'où se forme un mêlange d'ombres & de lumiere qui donne du relief à la repréfentation. On y remarque auffi quelques-unes des couleurs dont les objets extérieurs font teints, & fur-tout l'azure du ciel, ce qui vient de la différente configuration des furfaces réfléchiffantes qui les rend plus ou moins propres à renvoyer certains rayons colorés que d'au- -tres.

Si l'on veut voir les objets dans leur état naturel, il faudra mettre deux verres objectif au lieu d'un dans ces tuyaux; le premier, à l'extrémité du premier tuyau, portera fix pouces de foyer; le fecond, à l'extrémité du fecond tuyau, portera neuf à dix pouces de foyer, & on les placera à dix-fept pouces de diftance l'un de l'autre, l'image des objets extérieurs qui étoient auparavant renverfée fur la toile fera redreffée & diftincte, mais plus petite. On peut encore appliquer deux objectifs placés de maniere que

leurs foyers soient proches l'un de l'autre ; alors les rayons de lumiere s'étant
brisés en paffant au travers du premier
verre, & s'étant raffemblés au foyer fe
croifent enfuite, & rencontrant un fecond verre convexe, fe brifent encore
une fois, & repréfentent les objets dans
un ordre, & avec des couleurs tout-à-
fait femblables à celles qu'ils ont réellement. Dans cette expérience les objets
paroiffent à la diftance du foyer du verre
objectif, c'eft-à-dire, à douze pieds ou
environ, fi le foyer du verre eft de cette
longueur.

On peut auffi voir les objets renverfés hors de la Chambre obfcure, par le
moyen de deux oculaires mis en oppofition dans un tuyau. Ces deux verres
doivent être de même foyer ; par exemple, de deux pouces fix lignes chacun ;
façonnés dans un baffin de cinq pouces
des deux côtés, & placés à cinq pouces
de diftance l'un de l'autre ; ils montrent
les objets renverfés très-diftinctement,
mais plus petits qu'ils ne font en eux-

mêmes. Si on les veut voir à peu près dans leur grandeur, on peut faire une espece de Lunette d'approche composée d'un objectif & d'un oculaire. Si on la veut d'un pied, par exemple, on y mettra un objectif de quatorze à quinze pouces, avec un oculaire de douze lignes.

On peut faire *une Chambre obscure*, même sans faire usage des verres. Les objets se peindront aussi dans une situation renversée, mais plus confusément, parceque la trop grande largeur de l'ouverture que l'on a faite à la fenêtre, écarte une partie des rayons de lumiere qui partent de l'objet, au lieu que le verre objectif les réunit tous, & les peint avec des couleurs presque aussi vives que celles de l'objet même.

De la Boëte d'Optique, autrement dite,
Chambre noire.

La Chambre noire appellée *Boëte d'Optique*, est une machine par le moyen de laquelle on peut passer pour habiles dans l'art de dessiner sans l'avoir jamais appris ; elle tranſporte ſur un papier les images des objets extérieurs révêtus de leurs couleurs, & tracés ſuivant les régles de la Perſpeſtive la plus exaſte dans une ſituation droite & non renverſée. Il ne s'agit alors que de fixer cette image fugitive avec le crayon ou l'encre de la chine, en ſuivant trait pour trait l'eſpece d'eſtampe que la lumiere a imprimée ſur le papier.

Il y a deux ſortes de chambres noires. Voici la deſcription de la premiere. C'eſt une boëte ou caiſſe oblongue dont la ſurface intérieure eſt peinte en noir, pour exclure toutes les réflexions étrangeres. Au fond eſt une glace étamée, parfaitement plane, poſée obliquement, au deſſus de laquelle eſt une autre glace polie de part & d'autre, poſée horizontalement, & ſoutenue des deux côtés par des rénures où elle eſt enchaſſée. On met ſur cette derniere glace un papier huilé ou autre qui ſoit tranſparent, dont on colle les extrémités pour le tenir tendu & droit, afin que les objets s'y

peignent régulierement & diftinctement. Il eft aifé de deffiner fur ce papier la repréfentation de l'objet, puifqu'on n'a qu'à fuivre avec le crayon le
contour marqué par les ombres. Si vous
ne voulez que voir un objet fans le deffiner, il fuffit de prendre une glace qui
ne foit polie que d'un côté, & feulement doucie de l'autre, mettant le poli
du côté du fond de la boëte, & le douci
de votre côté extérieurement à la boëte,
vous verrez alors l'objet tout tracé fur la
furface extérieure. Au milieu de cette
boëte, eft une planche de féparation,
dans le milieu de laquelle eft un tuyau;
à l'extrémité de ce tuyau eft un objectif dont le foyer eft égal à la longueur de
la boëte; par exemple, de douze pouces fi elle n'a qu'un pied, & ainfi des
autres. Si on veut fe fervir de deux verres, il faudra alors deux tuyaux qui entrent l'un dans l'autre, à l'extrémité defquels vous mettrez les verres, obfervant
de les placer refpectivement de la maniere convenable à la mefure de leur

foyer, selon que vous voudrez voir les objets plus ou moins grands, & pour cela vous n'aurez qu'à allonger ou accourcir les tuyaux. Ayez grand soin que les tubes ne laissent pas le moindre accès au jour, car il ne faut de lumiere que celle qui passe au travers des verres pour produire un bon effet. Au dessus de la glace sur laquelle vous appliquerez votre papier, mettez une espéce d'abat-jour, garni des deux côtés d'étoffe ou de cuir pour exclure toute lumiere étrangere : au deffaut d'abat-jour, on se couvre d'un manteau, afin de ne recevoir de lumiere que celle qui vient de la Lunette.

La seconde sorte de Chambre noire est une boëte quarrée, haute de deux pieds, noircie intérieurement, au dessus de laquelle est placé extérieurement à quarante-cinq degrés d'inclination, un miroir plan étamé d'un côté ; ses deux supports doivent être construits de façon qu'on ait la liberté d'incliner le miroir un peu plus, ou un peu moins, selon l'exigence. Entre ces supports, au milieu de la boëte, est une ouverture dans laquelle entre un tuyau long de deux ou trois pouces ; dans ce tuyau est enfermé un objectif qui doit être de deux pieds de foyer, si la boëte est de cette mesure. A l'un des angles de la boëte, sur cette même planche, est une seconde ouverture où l'on place un autre objectif du même foyer que le grand ; ce dernier sert à voir si les objets se peignent bien dans le fond de la boëte, & à donner plus ou moins d'oblicité où d'inclination au miroir, lequel étant une fois bien placé, doit être arrêté à demeure, afin que l'image de l'objet ne change point de situation. Cela fait, il faut couvrir ce petit objectif, afin qu'il n'envoie point de lumiere inutile dans le fond de la boëte : il faut mettre une feuille de papier blanc sur laquelle l'image de l'objet se trouvera représentée : il faut outre cela que l'entrée de la boëte soit bien fermée de rideaux épais ; on y place alors la tête & les mains, pour suivre avec le crayon les contours de l'image, si l'on veut en conserver le dessein. Ces rideaux en excluant toute lumiere inutile, font cause que l'objectif communique tout seul la lumiere, l'objet en est mieux terminé, & par conséquent plus aisé à dessiner avec une certaine exactitude. On fait de ces sortes de Chambres noires assez grandes pour tenir une table, une chaise, & s'y enfermer comme dans un cabinet. C'est par ce moyen-là qu'on a tiré les plans des environs de Paris qui se voient au Louvre. Toutes les maisons y sont si bien représentées, qu'il est aisé de les reconnoître chacune en particulier.

Il est nécessaire que le miroir que l'on destine à la composition de ces sortes de boëtes d'optique soit bien plan, & que l'objectif soit fait dans un bassin dont la courbure soit bien réguliere; car les deffauts qui peuvent se trouver dans la représentation de l'objet, viennent toujours, ou de l'irrégularité du plan du miroir, ou de celle du verre, dont la courbure étant défectueuse, ne rend point les objets dans l'exacte vérité. Cet inſtrument rapporte en petit ce que les objets ſont en grand; il eſt par conſéquent très-commode pour deſſiner des Perſpectives; on peut dire de lui que c'eſt le compas de proportion le plus commode qui ait jamais pû être inventé, puiſque par ce moyen le contour des figures, & la diſpoſition des ombres & des jours ſe placent régulierement d'eux-mêmes ſur le papier. Quand on a une fois tracé l'eſquiſſe dans la Chambre noire, il n'eſt pas difficile d'en multiplier les copies. Pour cela il faut enduire une feuille de papier blanc de mine de plomb de la grandeur du deſſin que vous avez tiré : attachez enſemble ces deux feuilles de papier : joignez une troiſiéme feuille de papier blanc oppoſé au côté frotté de mine de plomb; enſuite prenez une aiguille de tablette à écrire ; ſuivez les traces que vous aviez d'abord faites la premiere fois dans la Chambre noire, vous tranſporterez ainſi votre deſſein ſur

une

une autre feuille de papier. Cette derniere Chambre noire eſt plus commode que la premiere, en ce que l'on peut tirer tout d'un coup ſur un papier blanc le deſſein d'une Perſpective, au lieu que dans la premiere il le faut faire à deux fois, en ſe ſervant d'abord d'un papier huilé ou tranſparent, comme celui que l'on appelle papier de ſerpente, qu'il faut enſuite calquer pour le tranſporter ſur un papier blanc: c'eſt ainſi qu'à l'aide de la Chambre noire on peut deſſiner ſans maître, & ſans l'avoir jamais appris. On en fait en forme de livre de la grandeur d'un *in-folio*, dont un côté de la couverture s'ouvre, pour enfermer dans l'intérieur tout ce qui la compoſe, qui étant ajuſté & retenu par différens crochets de côté & d'autres, forme alors une boëte d'une certaine grandeur, & d'une élevation aſſez commode pour pouvoir deſſiner toutes ces pieces, & l'eſpece de livre qui les contient pouvant être aiſément tranſporté, c'eſt alors une Chambre noire portative. Voyez la figure 4°, planche IV.

M

CHAPITRE DIXIEME.

De la Lanterne de Chasse & de Pêche, & de la Lanterne Magique.

De la Lanterne de Chasse & de Pêche.

AVant que de parler de la Lanterne Magique, il faut en annoncer une autre dont le nom ne paroît pas si mystérieux, c'est la *Lanterne de Chasse & de Pêche*.

Cette Lanterne est faite comme une Lanterne sourde quarrée, de fer-blanc ou de cuivre, dont le devant est garni d'un gros verre plan d'un côté, & convexe de l'autre, de maniere que la chandelle ou bougie est au foyer de ce verre. Les plus grands pour le diametre, & les plus convexes pour le foyer, réunissent plus de lumiere, & donnent par conséquent plus de clarté. Une lampe pleine d'huile est meilleure qu'une chandelle, parce qu'en s'usant la mêche de la lampe ne sort pas du centre du foyer, & reste toujours au même degré d'élevation vers le fond de la Lanterne. On met un miroir concave de métal poli dans une ouverture faite exprès, ou bien un miroir de glace étamé du côté de la convexité, d'environ six, sept ou huit pouces de foyer proportionnellement au verre plan convexe qui doit être au devant de la Lanterne dans un tuyau de fer-blanc, qu'on puisse éloigner ou rapprocher de la lumiere, pour le mettre en même-tems au foyer du miroir, & à celui du verre. Ces sortes de Lanterne servent à chasser la nuit aux Allouettes, qui s'imaginant voir le Soleil, viennent à la lumiere, & se laissent prendre. Elles peuvent servir aussi à rassembler les poissons, & les faire venir au bord d'un étang, aussi-bien que les écrevisses, que l'on prend par ce moyen avec beaucoup de facilité.

Ceux qui veulent faire usage de ces

fortes de Laternes, pour lire pendant la nuit de fort loin de gros caractères, ou pour obferver des objets fort éloignés, verront ces objets à douze ou quinze pieds de diftance. Si le verre de la Lanterne porte fix ou huit pouces de foyer, les rayons de lumiere réfléchis par les objets ainfi placés, rencontrant le verre convexe, au lieu de continuer à s'écarter, fe brifent & fe raffemblent en forme de cylindre, dans lequel l'œil étant pofé, reçoit une emotion capable de faire appercevoir plus diftinctement ces objets. La même Lanterne peut fervir à deux perfonnes à la fois, en mettant un fecond miroir & un fecond verre avec la même lumiere à un des côtés de la Lanterne.

De la Lanterne Magique.

Ce qu'on entend proprement par le nom de Magie, n'entre pour rien dans la conftruction de la Lanterne, appellée communément Lanterne Magique. On y fait ufage, comme dans les ma-

chines dont nous avons ci-devant donné la description de la science de l'Optique; ainsi cette dénomination n'est propre qu'à en imposer au vulgaire ignorant. La magie dont il s'agit ici est une
magie blanche & naturelle, dont je ne
ferai pas scrupule d'enseigner les principes.

*Régles & proportions qu'il faut observer
pour construire la Lanterne Magique.*

La Lanterne Magique est composée d'un miroir concave de métal, & de
deux verres convexes des deux côtés.
Le miroir peut avoir six, sept ou huit
pouces de foyer. Le premier verre doit
avoir au plus six pouces de foyer; le second huit pouces; & tous les deux trois
pouces de diametre : on les ajuste dans
deux tuyaux de fer-blanc séparés
qui entrent l'un dans l'autre, pour être
allongés ou accourcis selon l'exigence
du cercle de lumiere qu'ils reçoivent,
& qui sera plus ou moins grand, à proportion de leur diametre. La distance
M iij

de la Lanterne au drap de toile blanche
tendu verticalement, fur lequel les figures doivent fe peindre, fera proportionnée au foyer du miroir; s'il a fix
pouces de foyer, il doit être éloigné
du drap de fix pieds ; s'il en a moins, on
rapprochera la Lanterne ; & s'il en a
plus, on l'éloignera. Je fuppofe le miroir & les verres parfaits pour la façon ;
car moins ils le feront, plus il faudra
rapprocher la Lanterne du drap.

On fait ordinairement ces fortes de
Lanternes quarrées en fer-blanc ; dans la
partie fupérieure, on place une efpece
de tuyau de cheminée, & des foupi-
raux avec des abat-jours,pour empêcher
la lumiere de fortir, & faciliter l'éva-
fion de la fumée. Voyez la figure cinq,
plance IV. Sur un des côtés de cette
Lanterne, eft foudée une piéce de fer-
blanc, qui forme un paffage étroit ; mais
cependant affez libre pour que l'on puiffe aifément y introduire les bandes de
verre où font peintes toutes les figures
que l'on veut repréfenter fur le drap.

Il faut renverfer ces bandes, en les faifant paffer par la Lanterne, parce que les rayons de lumiere fe croifent à la rencontre de leurs foyers, & redreffent par conféquent les figures qu'ils peignent fur la toile avec des couleurs fort vives.

La Lanterne Magique que l'on donne en fpectacle de maifon en maifon dans Paris, eft moins compofée que celle dont je viens de parler, auffi n'a-t-elle pas un fi grand effet ; le cercle de lumiere n'y eft pas fi grand ; on n'y emploie que deux verres oculaires, dont le premier peut avoir trois à quatre pouces de foyer, le fecond huit à neuf pouces ; le premier de ces verres eft fondu dans un moule du calibre relatif, & par conféquent il ne fçauroit être bien régulier. On ne voit pas de miroir de réflexion au fond de cette Lanterne, ce qui caufe une grande diminution de lumiere , & rend conféquemment les objets moins fenfibles & plus confus.

M iv

Ce Chapitre est le terme de ce que je me suis proposé de dire sur le Méchanisme de l'Art que je professe. Les bornes des découvertes qui ont été faites jusqu'à présent ne me permettent pas d'aller plus loin.

Fin de la premiere Partie.

TRAITÉ

D'OPTIQUE MECHANIQUE,

contenant une Instruction sur l'usage
des Lunettes.

SECONDE PARTIE.

CHAPITRE PREMIER.
De l'œil.

AVant que d'entrer dans aucun détail sur les secours que la Providence nous a fournis dans ces derniers
tems pour le soulagement & l'amplifi-
cation de la vûe, il est absolument nécessaire de connoître la construction naturelle de l'organe qui lui est destiné, &
la maniere dont la vision s'exécute.

La vûe eſt ſans contredit le plus dé-licat & le plus noble de tous les ſens; elle nous découvre la diſtance, la grandeur, le coloris, la figure, & le mouvement des corps qui nous environnent; c'eſt par elle que nous joüiſſons du ſpectacle pompeux & toujours varié que la nature nous étale : ſans elle nous ſerions privés d'une infinité de connoiſſances néceſſaires, utiles ou agréables.

Quels ſoins ne doit-on pas apporter pour la conſervation d'une faculté ſi précieuſe, que rien ne peut ſuppléer, & dont aucun art ne peut reparer la perte.

Deſcription de l'œil.

L'œil, ou plûtôt les yeux, ſont l'organe de la vûe; car la nature nous en a donné deux, dont un ſeul peut ſuffire, ſi l'autre vient à périr par quelque accident. Ils ſont placés dans la partie ſupérieure & antérieure de la tête, pour diriger l'action de nos mains, & le mouvement de nos pieds.

On distingue dans l'œil trois membranes, & trois humeurs différentes.

La premiere membrane ou tunique, s'appelle le blanc de l'œil; elle est transparente dans son milieu, & assez semblable à de la corne, c'est pourquoi on la nomme *Cornée*. Le reste de la membrane est opaque, & porte le nom de *Sclerotide*.

Sous cette premiere enveloppe il y en a une autre qui est de même opaque, mais qui est percée dans le centre d'une ouverture exactement ronde, laquelle s'élargit ou se retrecit, pour n'admettre que la quantité nécessaire de rayons de lumiere. Cette ouverture s'appelle *la Prunelle*, & les fibres qui l'environnent, servent par leur tension ou par leur relachement à augmenter ou diminuer son diametre; l'un ou l'autre de ces mouvemens sont involontaires. Lorsque nous sommes dans un lieu obscur, la prunelle s'élargit d'elle-même, pour donner entrée à un plus grand nombre de rayons; mais lorsque nous

fommes placés au grand jour, comme
en plein midi, par un tems clair & ferain, cette ouverture devient plus petite, afin que l'œil ne foit pas bleffé par
une trop grande abondance de lumiere.
De-là il eft aifé de reconnoître la bonne
ou la mauvaife difpofition d'un œil. Après
avoir abaiffé la paupiere fupérieure, faites-
là relever promptement : fi vous voyez
alors la prunelle changer de diametre
en fe retreciffant fubitement, l'œil eft
fain : fi ce changement fe fait avec lenteur, la vûe eft foible : fi la prunelle eft
immobile, c'eft un figne d'aveuglement.

La feconde membrane s'appelle *Uvée*,
parce qu'elle reffemble au grain de raifin : en Latin *Uva*. Les uns l'ont bleue
ou rouffe ; d'autres d'un gris tirant fur le
verd, ou fur le noir. Le tiffu qui fert
de continuation à l'Uvée s'appelle *Choroïde*.

Derriere l'Uvée on trouve d'abord
une liqueur claire & tranfparente comme de l'eau, qu'on nomme pour cette raifon, *humeur aqueufe*.

Au-delà & vis-à-vis de la prunelle, il y a un corps pareillement diaphane, mais solide comme du cristal; il s'appelle *Cristallin*, & sa figure ressemble à une lentille.

Après le Cristallin la cavité de l'œil se trouve remplie d'une humeur claire & luisante, dont la consistance tient le milieu entre la fluidité de l'humeur aqueuse, & la solidité du Cristallin; & parce qu'elle est assez semblable à du verre fondu, on la nomme *humeur vitrée*.

Enfin le fonds de l'œil est tapissé d'une membrane noirâtre extrémement délicate, qu'on croit être une extension du nerf optique. On l'appelle rétine, parce qu'elle est composée de fils très-déliés, entrelassés comme une espece de retz ou filet.

L'œil a une figure à peu près orbiculaire; il est enchassé dans une emboëture osseuse, comme dans un moule qu'il remplit entierement, & où il se meut néanmoins avec une facilité & une viteſſe prodigieuſe, afin de ſe porter vers les différens objets, ſans que nous ſoyons obligés de trop remuer la tête.

Les mouvemens de l'œil s'exécutent par le moyen de ſix muſcles. Le premier ſert à élever l'œil ; le ſecond à l'abaiſſer ; le troiſiéme dirige cet organe vers le nez ; le quatriéme le ramene vers l'ex-trémité appellée le coin de l'œil, ou *Canthus*; les deux derniers l'entourent & le meuvent obliquement. Si ces derniers muſcles agiſſent avec une force égale, nos regards ſont droits & réguliers ; mais ſi l'un des deux a plus de vigueur que l'autre, il nous oblige à regarder les objets de travers, ce qu'on appelle loucher. Il faut encore remarquer que les muſcles obliques s'allongent pour recevoir diſtinctement l'image des objets voiſins, & qu'ils ſe raccourciſſent lorſque nous conſidérons les objets éloignés.

Définition de la vûe.

La vûe eſt un ſens ou une faculté de diſcerner les objets corporels par la

moyen de la lumiere qu'ils réfléchissent,
& dont les rayons paſſant au travers des
membranes & des humeurs de l'œil,
peignent l'image de ces objets ſur la
rétine.

On appelle rayon tout filet de lumiere qui eſt renvoyé par l'objet, & qui
paſſe dans l'œil par l'ouverture de la
prunelle. Chaque point d'un objet éclairé réfléchit pluſieurs rayons qui peuvent
être conſidérés comme un cône de lumiere : & le rayon direct qui paſſe par
le centre de la baſe de ce cône, & par
le centre des humeurs de l'œil, s'appelle l'axe optique.

Comme nous avons deux yeux, il
faut diſtinguer deux axes optiques. Lorſque la pointe de ces axes ſe confond ſur
le même objet, nous n'en recevons
qu'une image ; mais ſi les axes ſont di-
rigés vers différens points, l'objet nous
paroîtra double : c'eſt ce que l'on peut
éprouver ſoi-même, en ſoulevant un
peu le globe de l'un de ſes yeux.

Il faut auſſi diſtinguer deux cônes

ou pyramides optiques ; le sommet de l'un est du côté de l'objet ; la pointe de l'autre est dans l'œil ; par conséquent ces deux cônes sont opposés à la base.

Maniere dont se fait la vision, & dont les objets se peignent sur l'organe immédiat de la vûe.

La description que nous avons donnée de la Chambre obscure dans la premiere partie de ce Traité, peut nous fournir une juste idée de la maniere dont se fait la vision, car le méchanisme de cette Chambre est exactement imité de la construction de l'œil. Voyez le Chapitre de la Chambre obscure, Partie I.

Les rayons de lumiere qui partent de l'objet, passant par la prunelle, sont reçûs dans les humeurs de l'œil, dont la convexité force les rayons obliques de se briser en s'approchant de la perpendiculaire ; & ces rayons se réunissant enfin sur la rétine, y peignent l'image de l'objet, telle qu'on le voit

représenté

repréfenté fur le drap de la Chambre obfcure.

La rétine ébranlée par l'impulfion des rayons qui la frappent, communique fon mouvement au nerf optique ; celui-ci le tranfmet au cerveau : & l'ame, en vertu de fon union avec le corps, eft excitée par ces mouvemens.

Selon que ces images font peintes plus ou moins confufément fur la rétine, la vûe de l'objet eft plus ou moins parfaite. La couleur noirâtre de la rétine contribue beaucoup à la diftinction des parties de l'objet, en abforbant les rayons qui fe réfléchiroient fans cela, & rendroient l'image confufe.

Certains objets font infenfibles à la lumiere du jour, comme les étoiles en plein midi, parce que l'abondance de la lumiere du Soleil, efface l'impreffion trop foible de la lumiere des étoiles, qui devient fenfible pendant la nuit, d'autant mieux que la prunelle fe dilate dans l'obfcurité, comme on l'a vû précédemment : c'eft pourquoi ceux qui viennent du grand jour dans un lieu obſcur, ne voient rien d'abord, à cauſe que la prunelle n'a pas pû s'agrandir ſur le champ. Ceux au contraire qui paſſent tout-à-coup des ténébres à une grande lumiere, reſſentent une petite douleur, cauſée par l'impreſſion ſubite d'une grande quantité de rayons que reçoit la prunelle trop dilatée. C'eſt par la même raiſon que les Hibous, qui ont la prunelle fort ouverte, fuient le grand jour, & lui préférent l'obſcurité de la nuit.

Les objets nous paroiſſent plus grands ou plus petits à proportion de la diſtance où ils ſont placés à notre égard, parce que l'angle ſous lequel nous les voyons, devient plus petit à meſure qu'ils s'éloignent. Nous nous ſommes ſervis ailleurs de l'exemple d'une allée d'arbres placés à l'entrée; les arbres qui ſont à l'autre extrémité nous paroiſſent ſe toucher; mais à meſure que l'on avance, l'angle de viſion s'élargit, & les arbres de l'allée ſemblent s'écarter. Il en eſt de même d'une tour quarrée vûe de loin, elle nous paroît ronde, parce que fes angles fe confondent; fi nous approchons ils deviennent fenfibles.

Les vieillards voient mieux les objets un peu éloignés, que ceux qui font trop voifins, parce que l'âge ayant relâché les fibres & les mufcles de l'œil, les humeurs ont perdu quelque chofe de leur convexité, ce qui fait que les rayons réflécis par un objet trop voifin, parviennent à la rétine avant leur réunion, & les repréfentent confufément. La même chofe arrive aux jeunes gens, lorfqu'ils envifagent un objet de trop près.

Ainfi pour avoir la vûe claire & diftincte d'un objet, il ne fuffit pas qu'il foit bien éclairé; mais il faut encore que les rayons qui partent des divers points de fa furface, fe réuniffent fur autant de différens points de la rétine. Au refte il n'y a rien de plus admirable que ce tableau tracé par la lumiere dans le fond de l'œil, lorfqu'on fait attention à la petiteffe extrême de la rétine, qui n'a pas un pouce de diametre : comme chaque rayon formé un cône lumineux, & que les parties de la bafe font en proportion avec celle du fommet, on conçoit qu'il en réfulte dans chaque point de la rétine, une impreffion compofée, qui nous fait juger de l'étendue des corps qui réfléchiffent la lumiere.

On doit rappeller ici ce que nous avons dit en plufieurs endroits de la premiere partie de ce Traité, que les objets fe peignent fur la rétine d'une maniere renverfée ; cependant ils nous paroiffent droits, parce que l'ame rapporte la fenfation à l'extrémité des rayons directs.

CHAPITRE DEUXIEME.

*Quelle est la matiere la plus avan-
tageuse pour la construction des
Verres optiques.*

LEs verres que l'on destine à servir
de supplement à la vûe, devroient
être aussi parfaits que les yeux mêmes.
Mais comme les ouvrages humains ne
sçauroient égaler ceux du Créateur, il
faut se contenter d'en approcher le plus
qu'il est possible.

Il n'y a pas de matiere solide plus
analogue aux humeurs de l'œil que la
glace ; mais cette matiere même est susceptible de plusieurs défauts, qu'il faut
éviter avec soin dans la composition des
Lunettes, tels que sont les fils de verre,
graisses & bouillons, dont nous avons
déja parlé ailleurs.

Ces impuretés nuisent beaucoup à la
réfraction réguliere des rayons ; elles

font mêmes préjudiciables à la vûe, parce qu'elles tiennent lieu de corps étrangers, dont l'interpofition la fatigue, bien loin de l'aider dans l'exercice de fes fonctions.

Nous avons encore rapporté les différens fentimens des Artiftes fur la couleur des glaces qui eft la plus convenable aux Lunettes. En général tout le monde convient que les verres faits de morceaux de glace couleur d'eau, font préférables aux autres, parce que telle eft en effet la couleur des humeurs de nos yeux. Ces fortes de verres font par conféquent propres aux perfonnes qui ont les yeux gris, & qui font le plus grand nombre. Mais il y a des vûes foibles & tendres qui ne s'accommodent pas fi bien d'une matiere blanche & brillante, que de celle qui tire un peu fur le jaune. Cette derniere couleur convient particulierement aux yeux noirs, d'autant mieux qu'elle dépouille les rayons rouges de ce qu'ils ont de trop vif. A l'égard des yeux bleus, les verres de couleur d'eau paroiſſent les plus convenables.

Des verres convexes propres aux vûes longues.

Les verres convexes ſont ceux qui conviennent aux vûes longues, parce qu'elles ont le criſtallin plus applati que les autres, ce qui exige qu'on les ſoulage avec une matiere propre à reunir les rayons de lumiere; & c'eſt ce que font les verres convexes.

Il y en a de deux ſortes ; les uns ſont plans convexes, c'eſt-à-dire, convexes d'un côté, & plans de l'autre. La ſurface plane, & celle qui eſt convexe, doivent être polies & façonnées régulierement avec un ſoin égal.

La ſeconde eſpece comprend les verres biconvexes, c'eſt-à-dire, convexes des deux côtés, que l'on appelle auſſi *courbes oppoſées.*

L'une & l'autre eſpece ſe compoſent avec des morceaux de glace , pris à la Manufacture Royale du Faubourg

N iv

S. Antoine : car ceux qui se serviroient pour cela de verres ordinaires, courreroient risque de manquer le point de perfection qu'exigent ces sortes d'ouvrages, parce que la matiere du verre commun est plus tendre & moins cuite.

L'usage des verres biconvexes est parfaitement analogue à la configuration des humeurs de l'œil.

Diametre des verres de Lunettes.

On peut dire en général, que les verres des Lunettes ne doivent pas excéder le diametre de l'œil, qui est de 14, 15 à 16 lignes, afin que l'axe visuel se trouve toujours dirigé vers le foyer du verre, c'est-à-dire, vers le point où les rayons de lumiere se rassemblent.

Il faut faire ne exception pour les vûes louches, auxquelles on doit donner des verres d'inégale grandeur, observant de placer la petite Lunette du côté de l'œil droit, si leur axe optique se dirige à gauche, ou du côté gauche, s'il se tourne à droite. Cette disposition

est très-commode à leur égard, parce
qu'elle facilite la rencontre du foyer des
verres avec leur regard, qui est oblique.
Mais ordinairement les personnes louches ne font usage que d'un œil, & ne
se servent par conséquent que d'un seul
verre, qu'elles dirigent proportionnellement à l'obliquité de leur vûe.

Régles générales sur le choix des Lunettes.

La meilleure régle, & la plus générale que l'on puisse prescrire sur le choix
des Lunettes, c'est de préférer celles
qui nous facilitent davantage la vûe des
objets au naturel, & qui n'obligent point
la prunelle à se dilater, ou à se retrecir ;
ni les muscles optiques à s'allonger, ou
à se raccourcir.

Afin de mettre cette observation importante dans tout son jour, il faut remarquer qu'il n'y a de bonnes Lunettes
que celles qui procurent aux yeux du
repos & de l'aisance : si elles nous fatiguent, nous devons conclure de ces
quatre choses l'une ; ou que nous n'en

avons pas befoin, ou qu'elles font mal-faires, ou que la matiere en eft défec-tueufe, ou bien enfin qu'elles ne font pas proportionnées à notre point de vûe.

On peut aifément prendre le change, en choififfant foi-même des Lunettes, fi l'on n'eft pas dirigé dans le choix par un Artifte habile & expérimenté : fouvent même la capacité de l'Artifte fe trouve en deffaut, parce qu'il ne lui eft pas toujours poffible de connoître au premier coup d'œil la difpofition habituelle des yeux des perfonnes qui s'a-dreffent à lui. Il faudroit cependant qu'il la connût avant que de lui faire éprouver des verres de différens foyers. En voici la raifon.

Lorfqu'on préfente à quelqu'un une Lunette qui n'eft pas accommodée à fon point de vûe, fon œil fait effort pour s'en aider, d'où il arrive que le diametre de la prunelle change alternativement à l'effai de plufieurs verres. Cependant comme il faut enfin fe décider,

on se détermine à celui qui paroît ac-
tuellement le plus avantageux, quoiqu'il
ne soit pas toujours le mieux proportionné à ce point de vûe habituelle :
mais lorsqu'on est de retour chez soi, &
que l'on veut faire usage de sa nouvelle
emplette, que l'on croit excellente,
l'œil s'étant remis dans son état naturel
pendant cet intervale, on est tout étonné qu'elle ne nous paroît plus si bonne.

Cet inconvenient, qui est très-extraordinaire, me fait juger qu'un Opticien,
& non simplement un Marchand de
Lunettes, ne doit faire essayer aux acheteurs que le moins de Lunettes qu'il est
possible ; & l'acheteur lui-même doit
être persuadé que plus il en éprouvera,
& plus il s'exposera à se tromper dans le
choix. Rien de plus prudent en ces cir-
constances, que de livrer d'abord son
œil à l'examen & aux réflexions de l'Artiste avant que d'en venir à l'essai. Je
suppose dans cet Artiste l'habileté & la
probité nécessaires, pour préférer la véritable utilité de ceux qui lui donnent

leur confiance à un prompt débit de fa marchandife. Si les Marchands même entendoient bien leurs intérêts, ils connoîtroient que ce fyftême eft le plus lucratif pour eux, comme il eft le plus avantageux au public.

Ce que je viens de dire ne doit pas nous faire donner dans l'extrémité oppofée, qui feroit de penfer qu'on doit choifir la premiere Lunette qui fe préfente, avec laquelle on apperçoit les objets d'une façon claire & diftincte. Le coup d'œil ne fuffit pas en cette matiere, parce qu'il y a divers degrés de perfection dans la vûe des objets confidérés au travers d'une Lunette, & qu'il eft important de choifir celle-là précifément qui eft la mieux proportionnée à la difpofition de nos yeux, autrement l'on fe chargeroit d'un meuble nuifible, parce que les différens foyers que l'on peut donner ayant une étendue déterminée, on en épuifera bientôt le nombre : & parmi ceux qui font obligés de prendre des Conferves de bonne heure, on en verra plusieurs qui à l'âge de 50 ou 60 ans, ne trouveront plus de Lunettes assez fortes.

Enumeration des différentes especes de vûes longues.

Il n'y a proprement que deux sortes de vûes : les vûes longues, & les vûes courtes. Les premieres, qui sont l'objet principal de cet article, peuvent se diviser en six especes différentes.

La premiere espece de vûe longue, est celle de la plus grande partie des jeunes gens bien constitués, à qui le travail ni les maladies n'ont encore causé aucune altération dans l'organe ; leur conseiller l'usage des Lunettes pour la conservation de leur vûe, ce seroit vouloir persuader à un homme dispos, qu'il doit toujours aller en voiture, ou se servir de bequilles, pour ménager ses jambes.

La seconde espece comprend les vûes longues, mais foibles par nature, ou par accident. Nous donnerons bien tôt les marques les moins équivoques; auxquelles on peut reconnoître si l'on est dans ce cas, & si par conséquent on a besoin de Lunettes.

La troisiéme est des vûes mixtes; c'est-à-dire, dont la foiblesse est plus considérable dans un œil que dans l'autre : ces sortes de vûes demandent bien des attentions de la part des Artistes. La principale consiste à ne jamais leur donner des Lunettes dont les deux verres soient de même foyer, il faut donc qu'ils se servent de Lunette, dont chaque verre est un foyer différent, & proportionné au point de vûe particulier de chacun des yeux.

Pour réussir à connoître ce qui leur convient, en ce cas on fait fermer l'œil gauche : par exemple, & l'on met l'œil droit à l'essai de différens verres, jusqu'à ce que l'on ait rencontré celui dont le foyer est plus propre à cet œil. Ensuite on procéde de la même façon pour l'œil gauche, d'où il résultera une Lunette qui aura peut-être 18 pouces de foyer d'une part, & de l'autre 12, 14 ou 15. Il est clair que ceux qui sont obligés de se servir de ces Lunettes composées, doivent avoir grand soin de faire une marque à leurs Lunettes, pour connoître de quelle maniere ils doivent les mettre en s'en servant, & afin de ne point confondre leurs foyers.

L'Artiste qui négligeroit d'avoir égard à cette différente exigence des yeux d'une même personne, lui nuiroit, bien loin de lui être utile; car il est certain qu'en voulant rappeller ces organes à un foyer égal, on augmente leur foiblesse par l'effort auquel on les assujetit. La disproportion d'un œil à l'autre, est quelquefois si grande dans le même sujet, que je me suis vû obligé d'assortir un verre de 12 pouces de foyer avec un autre de 6 pouces pour certaines vûes.

Au reste l'Artiste doit plûtôt consulter son jugement & son expérience, quand il s'agit de faire ou de ne pas faire ces sortes d'assortissemens, que s'en tenir au simple exposé des acheteurs. Plufieurs nous difent , qu'ils ont un œil plus foible que l'autre ; mais comme cette inégalité ne vat ordinairement qu'à quelques lignes de différence , dans ce cas il feroit inutile de s'y arrêter , fuivant l'axiôme qui dit , que le peu doit être compté pour rien.

Je mets dans la quatriéme claffe des vûes longues, celles qui font louches; car l'une & l'autre qualité peuvent fubfifter enfemble, lorfque le loucher n'a pas affoibli la vûe au point de la rendre courte.

A l'égard de celles-ci , il faut fuivre le principe général que nous avons adopté par rapport au choix des Lunettes pour les vûes longues ordinaires; c'eft - à - dire, qu'il faut les faire paffer fucceffivement par des verres de foyers différens , jufqu'à ce qu'on ait rencontré celui qui eft le plus conforme à leur point de vûe.

La cinquiéme efpece eft des louches mixtes , chez qui l'axe de l'un des yeux feulement ne fuit pas la direction naturelle, c'eft-à-dire, qui ne louchent que

d'un

d'un côté. Ces sortes de vûes exigent, outre les précautions générales qui ont été indiquées ci-devant, qu'on leur donne des verres de Lunettes de grandeur inégale, le plus petit sera pour l'œil louche, si le vice est du côté du nez ; mais si l'on louche du côté de la temple, il faut lui destiner le plus grand. Dans ce dernier cas le diametre du petit verre ne doit pas excéder le diametre de l'œil bien disposé. Voyez ce qui a été dit sur cette matiere dans l'article des diametres des verres de Lunettes.

La sixiéme & derniere espece comprend les vûes que l'on peut appeller excessivement longues. On voit quelques personnes qui ne sçauroient considérer un objet qu'en l'éloignant beaucoup de leurs yeux ; cet accident arrive plus communément sur le retour de l'âge ; il provient d'un relachement des fibres auxquels l'habitude de regarder ainsi de loin contribue quelquefois ; si l'on néglige de remédier à ce défaut, la vûe peut s'allonger au point, que la longueur des bras ne fuffife pas pour porter l'objet à la diftance convenable, ce qui devient très-incommode, fur-tout pour certains Artiftes, qui font obligés de vaquer de près à leurs occupations. On peut rappeller ces perfonnes au point de vûe ordinaire dont elles joüiffoient auparavant , en leur donnant des Lunettes de deux pieds de foyer, ou même d'un foyer plus court, comme de 22, 20 & 18 pouces, fi elles ont longtems fatigué leur vûe par l'habitude vicieufe dont nous parlons,

Pour m'expliquer encore plus précifément fur cet article, j'ajoute qu'il n'eft pas fi aifé de déterminer un point fixe pour ces fortes de vûes, que pour les autres. On doit examiner avec foin leurs difpofitions, & l'effet que produifent fur eux les verres de différens foyers qu'on leur fait effayer, afin de décider plus fûrement quel eft celui dont elles peuvent retirer une plus grande utilité,

*Marques auxquelles on peut connoître si
l'on a besoin de Lunettes ou Conserves.*

L'âge ne décide point absolument le
besoin de Lunettes. Quelques personnes joüissent d'une vûe excellente jusques dans l'extrême vieillesse; & quelquefois la vûe s'affoiblit de telle maniere dans les jeunes gens, qu'ils sont contraints de se servir de verres optiques. Cet affoiblissement peut venir de trois causes. 1°. D'une maladie interne qui altere peu à peu la transparence des humeurs de l'œil, par les liqueurs vicieuses qui s'y mêlent, d'où vient quelquefois un aveuglement total, quoique les yeux paroissent sains & entiers comme dans la goutte sereine qui affecte la rétine, les secrets de l'optique ne peuvent rien sur ces maladies, qui sont, comme les autres, l'objet propre de la médecine. 2°. De l'affaissement de la cornée, qui augmente le diametre de la prunelle. 3°. De l'applatissement du Cristallin. Ces deux derniers accidens obligent

d'avoir recours aux verres convexes, dont le propre eſt de procurer la réunion exacte des rayons de la lumiere, & de forcer la prunelle à ſe reſſerrer, pour les recevoir dans leur état de convergence. L'un & l'autre proviennent de la chaleur du temperamment, ou de quelques indiſpoſitions qui deſſéchent les humeurs de l'œil, ou qui relachent les fibres des muſcles optiques.

On peut ſe reconnoître ſujet à ces inconvéniens. 1°. Si l'on eſt obligé d'approcher ou d'éloigner plus que de raiſon, l'objet que l'on veut appercevoir diſtinctement. 2°. Si l'objet que l'on conſidere devient confus, ou paroît ſe ſouſtraire à la vûe, dans le tems qu'on le regarde avec le plus d'attention. 3°. Si en liſant un livre, par exemple, les lettres ou les lignes paroiſſent ſe mouvoir, ou ſe doubler, ou enjamber les unes ſur les autres. 4°. Si en exerçant notre vûe nous ſentons quelque douleur dans l'organe, ou ſi nous ſommes contraints de faire des efforts, qui nous engagent même à fermer les yeux de tems en tems pour leur donner du relache, ou à les promener sur différens objets, comme pour faire diversion à la contention trop penible qu'exige l'objet principal que nous voulons examiner.

Ceux qui n'éprouvent aucun de ces effets n'ont besoin, ni de Lunettes, ni de Conserves; ceux qui en éprouvent une partie, ou qui n'en ressentent que de légères atteintes, doivent prendre des Conserves; elles soutiennent la vûe, rapprochent l'objet, en facilitant la réunion des rayons de la lumiere, & accoûtument nos yeux à voir les objets dans la distance naturelle, dont nous les appercevions auparavant.

On peut rappeller ici ce que nous avons dit dans l'article qui précéde immédiatement celui-ci, en parlant des vûes excessivement longues. Ceux qui sont dans le cas, ne doivent pas tarder à user de Conserves, ou de Lunettes, selon que l'affoiblissement de leur vûe est plus ou moins considérable : plus ils différeront, & plus l'altération augmentera ; par-là ils se mettront dans la nécessité d'avoir recours à des verres beaucoup plus convexes qu'il n'eût été besoin dans les commencemens, & ils éprouveront à leurs dépens la vérité du proverbe :

Principiis obsta, sero medicina paratur,
Cùm mala per longas invaluere moras.

Pour combattre la fausse honte de ceux qui ne veulent pas user de Lunettes, dans la crainte de passer pour plus âgés qu'ils ne sont, il suffira de leur représenter qu'il ne faut pas s'exposer à un mal réel, pour éviter un mal imaginaire. L'expérience m'a appris que des personnes à qui il n'auroit fallu d'abord que des Conserves de six pieds de foyer, ignorant le besoin qu'elles avoient de s'en servir, & ayant laissés affoiblir leur vûe, ont été obligées de prendre des Lunettes de 18 & même de 12 pouces, ce qui fait une étrange différence ; car nous entendons par des verres de six pieds de foyer, ceux par le moyen desquels on peut voir un objet jusqu'à six pieds de distance, & plus aisément encore à une distance moindre : mais les verres de 18 & de 12 pouces ne donnent l'objet qu'à cette distance de 18 ou 12 pouces, quoiqu'ils les représentent plus grands que le naturel, ce que ne font point les Conserves, qui augmentent très-peu son diametre.

Je ne prétend pas pour cela qu'on doive donner à tout le monde des premieres Conserves de six pieds de foyer; car on a vû que le besoin qu'on en a, peut venir de l'affaissement de la cornée, ou de l'applatissement du cristallin, ou de tous les deux ensemble. Or ceux dont la vûe exige les verres du plus long foyer, n'ont pas encore le cristallin applati; leur cornée peut aisément reprendre sa convexité, après s'être servis quelque tems de Conserves, comme j'ai vû qu'il est arrivé à quelques personnes à qui par conséquent les Lunettes sont devenues un meuble superflu.

Quant à ceux qui ont befoin de verre d'un foyer un peu court, il y a toute apparence que leur criftallin eft alteré.

Ainfi quand l'affoibliffement de la vûe vient de quelque indifpofition paffagere, on ne rifque rien de prendre des Conferves d'un foyer convenable. Leur ufage ne fait point contracter la néceffité de s'en fervir toujours, pourvû néanmoins qu'elles foient bonnes & régulieres, car il ne faut pas attendre de pareilles effets des Lunettes communes, que l'on qualifie fouvent, mal-à-propos, du nom de Conferves. Celles-ci loin d'aider la vûe, contribue à fon dépériffement; c'eft ce que nous allons montrer plus particulierement dans l'article qui fuit.

Inconveniens & dangers des Lunettes communes.

Les Lunettes communes, travaillées au hazard, & faites, pour ainfi dire, à la groffe, de toutes fortes de matieres défectueufes, comme de verre de vitres, ou verre blanc d'Allemagne, font celles dont on a le plus grand debit. Mais fi le public connoiſſoit les funeſtes effets qu'occaſionne leur uſage, il n'auroit garde de faciliter un commerce qui lui eſt fi préjudiciable.

Il eſt certain que ces Lunettes font plus propres à dégrader la vûe, qu'à la conſerver. 1°. Leur aſſortiment eſt irrégulier, l'un des verres étant ordinairement d'un foyer différent de l'autre. 2°. Elles font mal douciées, ce qui altere leur tranſparence. 3°. Elles ne font jamais de la même épaiſſeur dans les deux verres. 4°. Leur matiere eſt communément remplie de fils de verre, de bouillons, & d'autres imperfections fans nombre. 5°. Chaque verre n'eſt pas déterminé à une feule courbure, mais il en contient pluſieurs de différentes fortes : ce qui ne peut guère arriver autrement, parce qu'on en fait au moins fix à la fois, & que les deux mains font occupées à les façonner. Or les habilles Artiſtes conviendront avec moi, qu'il eſt moralement impoſſible de faire à la main plus d'un verre à la fois, qui ait toutes les qualités requiſes dans un verre parfait.

Nous avons fait voir dans la premiere partie de ce Traité, qu'une des principales attentions de l'Ouvrier, doit être de conſerver dans la façon de ſes verres, l'unité & la régularité de leurs courbures : pour cela il faut, lorſqu'on les travaille, les tenir bien perpendiculaires à la courbure du baſſin ; mais comment en venir à bout, en ne travaillant même que deux verres à la fois ? ni l'un ni l'autre ne ſeront jamais parfaits, à cauſe du changement alternatif de droite à gauche, & de gauche à droite, que l'on eſt obligé d'obſerver de tems en tems, pour conſerver l'égalité d'épaiſſeur. D'ailleurs s'il faut tant d'attention pour faire des verres parfaits, en les fabriquant ſeul à ſeul, il eſt aiſé de conclure qu'il doit ſe trouver une infinité de défaut dans ceux que l'on fabrique deux à deux, & ſix à la fois. Lorſque parmi ces derniers il s'en rencontre quelques-uns de paſſables, c'eſt un effet du pur hazard.

Il eſt vrai que la modicité du prix de ces verres eſt un appas pour la multitude, ſur quoi je ne puis m'empêcher de déplorer l'ignorance de pluſieurs, qui eſtiment ſi peu ce que l'on peut appeller la moitié de la vie : car il n'en eſt pas des ſoulagemens qu'exige la vûe, comme des autres beſoins du corps. Par exemple, de la néceſſité de vêtir. Il eſt peu important pour la ſanté, que l'on ſoit couvert d'étoffes fines & précieuſes : mais la vûe ne peut ſe ſoutenir que par l'uſage des verres régulierement façonnés. Les meilleurs ne ſont jamais trop bons, pour ſuppléer à ce que le dépériſſement de l'organe commence à nous refuſer. Je connois des perſonnes qui ont conſervé pendant des 10, 15 & 20 ans le même degré de vûe ; avantage que les Lunettes communes ne leur auroit certainement pas procuré. Il eſt bon d'entrer fur ce fujet dans quelque détail.

Comme les verres communs ont diverfes courbures, il eft très-ordinaire qu'ils ne repréfentent point les objets droits & teints de leurs couleurs naturelles; mais ils les font paroître courbes & imprégnés des nuances de l'Iris fur toute leur circonférence, ce qui caufe dans les yeux une efpece d'attraction en forçant les mufcles obliques à s'allonger pour voir l'objet plus diftinctement.

La difparité des foyers produit auffi d'étranges défordres. Un verre commun aura quelquefois au centre 12 pouces de foyer, & 10 à la circonférence. Outre cela, pour compofer une Lunette, on l'affortira avec un autre verre dont la circonférence fera de 14 pouces de foyer, & le centre de 10 ; d'où il eft aifé de conclure le dommage que des yeux foibles, mais d'une égale portée, recevront d'une pareille Lunette, qui obligera la prunelle de changer de diametre à chaque inftant.

Ces verres défectueux produisent quelquefois des espéces d'éteincelles, qui proviennent de ce que les rayons de la lumiere s'y brisent irrégulierement : on ne parvient à faire entierement cesser cet inconvenient que par l'usage des verres de couleur verde, jaune ou bleue. Or ces teintes étrangeres sont-elles mêmes capables de nuire à la vûe, parce qu'elles l'accoûtument peu à peu à voir les objets différens de ce qu'ils sont, & de ce que tout le monde les voit, ce qui s'appelle tomber de Cilla en Caribde, c'est-à-dire, éviter un mal pour tomber dans un autre.

On est alors fort embarrassé sur le parti que l'on doit prendre. Continuera-t-on l'usage des mauvaises Lunettes ? mais elles feront contracter l'habitude de ne recevoir l'impression de la lumiere, que d'une maniere oblique & tortueuse ; habitude que les verres les plus réguliers ne peuvent plus corriger lorsqu'elle est invétérée, parce que les muscles ont perdu leur souplesse.

J'avoue que nous fommes quelquefois contraints de tolérer cette pratique, dans les yeux mal affectés, à qui
les Lunettes les plus irrégulieres paroiffent les meilleures. A la vérité il y auroit ici un tempéramment à prendre,
ce feroit de donner à ces perfonnes des
Lunettes femblables , c'eft-à-dire, du
même genre d'irrégularité que celles
qui ont altéré leur vûe : mais cela n'eft
pas fans difficulté, parce que quoique
les verres irréguliers foient très-com-
muns, on ne trouve pas aifément de la
reffemblance ou de la conformité entre
les uns & les autres ; c'eft pourquoi tous
nos foins & tous les fecrets de notre art
deviennent quelquefois inutiles dans de
pareilles circonftances. Si la même main
fourniffoit toujours des verres à la même perfonne, l'Artifte feroit plus à portée de déterminer ce qui convient à fon
état : mais hors de-là il eft prefque im-
poffible d'y réuffir.

Un autre effet des Lunettes communes, c'eft de caufer à la longue des ta-

ches ou des calofités à la cornée & au criftallin. On s'imagine lorfqu'on regarde le Ciel, de voir de petits corps voltiger dans l'air ; on veut les chaffer avec fa main, comme des moucherons importuns : mais on ne fait que de vains efforts ; ces mouches prétendues n'étant autre chofe que des parties de la cornée ou du criftallin defféchées ou endurcies par la trop grande abondance de lumiere, que de mauvaifes Lunettes laiffent paffer dans l'œil. Ces calofités empêchent une partie des rayons de parvenir fur la rétine, tandis que d'autres y tracent l'image de l'objet qui femble parfemée de points obfcurs : en même-tems la vacillation de l'axe optique nous fait attribuer des mouvemens divers à ces corps légers.

Comme le défaut le plus ordinaire des verres communs confifte dans l'irrégularité de fes courbures, il ne fera pas hors de propos de donner ici la maniere de le reconnoître fenfiblement. On fçait que tout verre convexe & bien figuré, étant expofé au Soleil, décrit un cercle lumineux à l'endroit de fon foyer. Si l'on fait cette épreuve avec un verre malfait, le cercle qu'il formera ne fera ni parfaitement rond, ni auffi petit, ni auffi vif que celui d'un bon verre. Cette expérience nous fait en même-tems comprendre comment l'irrégularité du cône lumineux, que forment les verres communs, force la prunelle qui le reçoit, à s'élargir, ou à fe retrecir outre mefure.

Malgré tout ce que je viens de dire contre les Lunettes communes, je ne doute pas que le grand nombre ne continue à en faire ufage : tel eft l'empire de l'habitude ; mais j'efpere que le public intelligent me fçaura quelque gré des efforts que j'ai faits pour lui être utile ; quoique ces mauvaifes Lunettes foient celles dont nous avons le plus grand de-bit, je n'ai pas héfité à m'élever contre elles, touché du trifte fort d'une infinité de perfonnes qui en deviennent les vic-times, & qui font réduites à cette extré-mité

mité, de ne plus tirer de secours, ni de leurs yeux, ni d'aucune sorte de Lunettes.

Préventions sur l'usage des Lunettes.

Cet article regarde particuliere- ment deux genres de personnes qui donnent dans des excès opposés par rapport à l'usage des Lunettes. Les uns sont persuadés qu'il faut prendre des Lu- nettes pour conserver la vûe, & que le plûtôt est le meilleur ; sur quoi ils disent en forme de maxime, que pour être long- tems jeune, il faut faire le vieillard de bonne heure ; ils n'examinent point s'ils ont réellement besoin de ce secours ; ils croyent apparemment que les Lunettes sont comme des yeux de poche, qui tan- dis qu'on s'en sert, laissent nos organes dans l'inaction, & les empêchent, pour ainsi dire, de s'user, ce qui, selon eux, les entretient dans leur force.

Pour les désabuser, il suffit de répé- ter ici la comparaison dont je me suis servi ailleurs. Si l'on conseilloit à un

P

homme qui se porte bien, & qui est dispos de ses jambes, d'aller toujours en voiture, sous prétexte de les conserver dans leur vigueur ; il répondroit qu'un exercice modéré, loin de nuire à nos organes, est au contraire le moyen le plus propre à maintenir la souplesse de leur ressort. Pourquoi porterions-nous un jugement différent de l'organe de la vûe ? s'il y a quelque disparité, on peut dire qu'elle est à l'avantage de la thése que je soutiens ici ; car la matiere des Lunettes forme une interposition, qui ne peut manquer de gêner la vûe, jusqu'à ce qu'on y soit fait. Concluons donc que les Conserves ne portent ce nom que rélativement à ceux qui en ont réellement besoin, c'est-à-dire, à ceux dont la vûe commence à s'affoiblir.

Il en est d'autres qui malgré le dépérissement de leur vûe, refusent de s'assujétir à l'usage des Lunettes. Ils ignorent que les momens sont précieux ; dès que le besoin se fait sentir, il ne faut pas différer de courir au reméde, qui de-

viendroit bientôt inutile contre la vio-
lence d'un mal qui empire tous les
jours.

Il est vrai cependant que la nécessité
de prendre des Lunettes est plus ou
moins grande, selon le genre d'occupation auquel notre profession nous
engage, comme on le verra dans l'article suivant.

A quels Artistes on peut conseiller l'usage des Lunettes.

Les Artistes qui ont le plus d'intérêt
à menager leur vûe, sont en général
tous ceux qui travaillent sur des objets
fort petits, ou dont l'art consiste dans la
délicatesse de l'ouvrage : tels que les
Peintres en miniature, les Graveurs,
les Horlogers, les Metteurs-en-œuvre,
les Cizeleurs, les Brodeurs, &c.

On doit faire une exception en leur
faveur à la régle que j'ai donnée ci-
devant, de n'user de Lunettes que lorsqu'on sent quelque affoiblissement ou
altération dans la vûe ; la raison en est

fenſible. Leurs yeux, quelque bons qu'on les ſuppoſe, ne ſont pas des microſcopes; l'attention continuelle qu'ils ſont obligés de donner aux parties les plus ſubtiles de la matiere qu'ils façonnent, fatiguent extrémement la vûe, & leur indique la néceſſité où ils ſont de ſe ſervir de verres qui groſſiſſent un peu les objets, s'ils ne veulent pas ſe rendre inhabiles aux fonctions de leur art, après 20, 15, 10, ou un moindre nombre d'années de travail. Les Brodeurs & Brodeuſes en or & en argent doivent ſur-tout uſer de Conſerves, avant que d'en ſentir un beſoin marqué. L'expérience nous apprend que ces perſonnes-là ſont ſujettes à perdre bientôt la vûe, lorſqu'elles ne prennent pas cette précaution, parce que les deux métaux ſur leſquelles elles travaillent ayant des ſurfaces extrémement brillantes, cauſent des réflexions trop vives, qui ébranlent continuellement les fibres de l'œil. Pour en tempérer l'effet, je leur conſeillerois de prendre des Conserves, légérement teintes de couleur verte, plûtôt que de se servir de verres blancs.

Si l'on demande pourquoi les petits objets fatiguent davantage la vûe que ceux qui sont plus grands, je réponds que ces petits objets, à cause de leur petitesse même „ envoyent une moindre quantité de rayons, & fait une plus légère impression sur la rétine, ce qui nous obli- ge à faire des efforts pour les appercevoir distinctement. C'est pourquoi comme les Microscopes, qui sont fort convexes, réunissent un grand nombre de rayons, ils soulagent par conséquent l'organe.

Je sçai que quelques Artistes se ser- vent de Loupes qu'ils tiennent à la main ; mais ils n'ignorent pas que cet instru- ment les gêne infiniment dans leurs opérations : d'ailleurs, il est rare qu'ils ayent attention de les choisir bien pro- portionnées à leur vûe, ce qui leur ap- porte un préjudice & une altération con- sidérable, dont ils ne s'apperçoivent pas d'abord, mais qui leur cause dans la suite de vifs regrets. Ainsi s'ils veulent m'en croire, ceux d'entre eux qui ont la vûe bien bonne & bien saine, se serviront de Conserves de six pieds de foyer; & les autres à proportion prendront un foyer plus court, comme de 5, de 4, ou de 3 pieds; mais ils doivent avoir une singuliere attention à n'user que de verres très-exactement façonnés, autrement la précaution que je leur conseille deviendroit nuisible.

Il est d'une égale importance, je le répéte, que ceux qui commencent à prendre des Lunettes, les choisissent le plus conformes à leur point de vûe qu'il est possible, sans cela ils risquent de dégrader leur vûe, parce que les yeux s'accoûtument au foyer de la Lunette, au-lieu que la disposition de cet organe doit décider du foyer. C'est ce qui m'engage à traiter la matiere plus en détail dans le Chapitre suivant.

CHAPITRE TROISIEME.

Du point de vûe, & des régles générales à observer dans la distribution des Lunettes.

LE point de vûe n'est autre chose que la faculté de voir distinctement un objet à une certaine distance, qui est proportionnée à la convexité du cristallin. Plus cette humeur de nos yeux est applatie, plus le point de vûe s'étend au loin ; au contraire moins elle est applatie, & moins le point de vûe aura de longueur. Ainsi l'on donne des verres convexes pour corriger le trop grand applatissement du cristallin, & des verres concaves pour supprimer l'effet de sa trop grande convexité.

Nous avons déja fait voir que la bonté rélative d'une Lunette, consiste uniquement dans sa conformité avec notre point de vûe : ceux qui se sont servis pendant longtems de verres dont le foyer étoit hors de leur point, l'ayant altéré par cette mauvaise habitude, ne peuvent souvent recevoir aucun secours de notre Art. Ils ne trouvent point de Lunettes assez fortes, ou, supposé même qu'ils en trouvent, il est quelquefois dangereux qu'ils s'en servent ; parce que la grande quantité de rayons que rassemblent les verres extrémement convexes, est capable par son impression trop forte, de ruiner bientôt le peu de vigueur qui reste à leur organe. La maniere la plus simple & la plus sûre de connoître son point de vûe, c'est d'en déterminer la longueur sur la distance qui est entre notre œil & l'objet vû clairement & distinctement. Les régles que nous donnerons ailleurs sur ce sujet doivent être subordonnées à celle-ci.

Il s'est présenté à moi plusieurs personnes qui ont hâté le dépérissement de leur vûe, en lui refusant les secours nécessaires : je me contente de citer une Dame de soixante ans ; (l'usage des Lunettes n'eft point prématuré à cet âge, les bonnes vûes commencent pour l'ordinaire à s'en fervir en ce tems-là,) elle m'avoua qu'il y avoit plus de quinze ans qu'elle avoit fenti pour la premiere fois le befoin de prendre des Lunettes, aux marques que j'ai fpécifiées ailleurs; mais ne l'ayant pas fait par une fauffe honte, la foibleffe de fes yeux étoit augmentée au point que je ne pus pas lui fournir de Lunettes d'un foyer affez court pour fon fervice; quoique d'ailleurs elle joüît d'une fanté parfaite. Je fus donc contraint de lui confeiller une Lunette à la main, qui lui procura quelque foulagement. Cependant je fuis bien éloigné d'approuver abfolument l'ufage des Monocles; ils font fujets à divers inconvéniens que je détaillerai à la fin de ce Chapitre.

Mais il eft très-important de diftinguer ici le jour d'avec la lumiere dont on fe fert la nuit: il y a bien des gens qui n'ont pas befoin de Lunettes pendant la journée, & qui s'en fervent uti-

lement le foir, parce qu'elles raffemblent une quantité de rayons fuffifante
pour remplacer en quelque forte, ou
pour égaler la lumiere du jour. La même obfervation a lieu à l'égard de ceux
qui ufent de Lunettes pendant la journée : il leur eft avantageux d'avoir pour
la nuit des Lunettes plus fortes. Nous
reviendrons ailleurs à cette diftinction.

Nous avons déja dit que l'âge n'eft
point une raifon décifive pour le choix
des Lunettes. Il m'eft arrivé plufieurs
fois de donner le même foyer à deux
perfonnes, l'une de 40, & l'autre de
80 ans, notamment à l'égard d'une me-
re & de fa fille. Cependant la méthode
ordinaire pour la diftribution des Lunettes eft fondée fur ce principe. En
voici le plan détaillé.

Depuis 25 jufqu'à 35 ans, on donne
des verres de 6, 5, 4, 3 pieds, ou
même 30 pouces de foyer.

Depuis 35 ans jufqu'à 45, des foyers
de 24, 22, 18 & 16 pouces.

Depuis 45 ans jufqu'à 55, des

foyers de 14, 12, 10, 9 & 8 pouces.

Depuis 55 ans jufqu'à 70, des foyers de 12, 10, 9, 8 & 7 pouces.

Depuis 70 ans jufqu'à 90, des foyers de 8, 7, 6, 5½, 5, 4½, & même 4 pouces.

Selon cette progreffion, on ne diftingue que vingt fortes de foyers différens pour autant de différens vûes longues, dans lefquelles font comprifes les perfonnes du plus grand âge. A l'égard de celles qui ont fouffert l'opération de la cataraɥte, on leur deftine communement des foyers plus courts, comme on le verra dans le Chapitre fuivant.

Je ne prétends pas m'infcrire abfolument en faux contre cette gradation ; je m'en fers quelquefois moi-même lorfqu'il s'agit de contenter des perfonnes de Province, qui demandent des Lunettes, & qui ne donnent point d'autre indication du befoin qu'elles en ont, que celle de leur âge.

Mais on peut conclure de toutes les

obſervations qui ont été faites ci-devant, & de celles que nous ferons dans
la ſuite de cet Ouvrage, que cette régle trop générale doit ſouffrir une infinité d'exceptions, & que pour faire une
bonne emplette en fait de Lunettes, il
faut les choiſir ſoi-même : & pour mettre les acheteurs en état d'en juger, je
joins ici l'article ſuivant.

Qualité des Lunettes parfaites.

Les verres des Conſerves ou Lunettes, pour être parfaits, doivent avoir
ſix qualités.

1. Pureté de matiere, c'eſt-à-dire,
exemptions de graiſſes, bouillons & fils
de verre.

2. Egalité dans l'épaiſſeur de la
courbure, ſans quoi les centres des deux
ſurfaces ne ſe trouveroient pas vis-à-vis
l'un de l'autre, & les rayons de lumiere ſe détourneroient de la route qu'ils
doivent ſuivre.

3. La perfeſtion du douci.

4. Celle du poli.

5. La régularité des courbures.

6. L'égalité des foyers.

Dans les deux verres d'une même Lunette,

La premiere des six qualités que j'exige dans un verre parfait, se connoît aisément en l'examinant attentivement au grand jour.

La seconde se manifeste en mesurant le verre, quoique contenu dans sa châsse, avec un compas d'épaisseur, que l'on applique à tous les points de la circonférence.

La troisiéme paroît au grand jour, en ce qu'un verre bien douci doit être clair & net comme une goutte d'eau, ensorte qu'on n'y apperçoive aucune piqûre de grais ni d'émeri.

La quatriéme devient sensible par la transparence du verre ; celui dont la surface est couverte d'une espece de graisse fine n'est pas suffisamment poli.

La cinquiéme n'est pas plus difficile à constater ; on n'a qu'à regarder des caractères imprimés au travers du verre que l'on veut éprouver; s'ils paroiſſent auſſi gros à la circonférence qu'au centre, c'eſt un ſigne certain que la courbure eſt réguliere & uniforme. La plus grande partie des Lunettes péche par cet endroit, ſoit parce que l'Ouvrier s'eſt ſervi de baſſins irréguliers, ſoit parce qu'il n'a pas travaillé avec aſſez de précaution ; car il eſt aiſé de changer la courbure, en variant l'appui de la main, même dans un baſſin régulier.

La ſixiéme ſe fait remarquer par l'eſſai des deux verres tenus ſucceſſivement à la même diſtance de l'objet. Si ces verres ont un foyer égal, l'objet paroîtra de la même grandeur.

Les perſonnes qui demeurent en Province, & qui s'adreſſeront à nous afin de ſe pourvoir de Lunettes, peuvent eſſayer celles des gens de leur connoiſſance, & nous envoyer pour modéle le verre qui convient le mieux à leur vûe, auquel nous nous conformerons exactement, en leur fourniſſant des verres exemts des défauts qui pourroient se trouver daus le modéle. Mais parce que cette méthode n'est pas absolument sûre, qu'on n'est pas toujours maître de disposer de ce qui ne nous appartient point, & qu'il peut même arriver que l'on ne trouve pas parmi ses connoissances, le modéle dont on auroit besoin, j'indique dans l'article suivant le moyen d'y suppléer.

Maniere de prendre le foyer de toutes sortes de Lunettes.

Premier moyen. Prenez un pied de Roi, que vous tiendrez perpendiculairement sur un livre imprimé, ou manuscrit, posé sur une table : tenez la Lunette dont vous cherchez le foyer à côté du pied, & haussez-la jusqu'à ce que le verre ne représente plus assez distinctement l'objet; ce qui arrive à 7 pouces de hauteur ou environ, si le verre a 6 pouces de foyer, à 9 pouces s'il en a 8, &c.

Si les verres dont on cherche la mesure ont plus d'un pied de foyer, il

faudra fe fervir d'une régle graduée double ou triple d'un pied de Roi, &c.

Second moyen. Préfentez la Lunette
au jour de la fenêtre d'une chambre,
vis-à-vis le mur ou la tapifferie, les
carreaux du chaffis de fenêtre pourront
vous fervir d'objet, car les rayons qu'ils
réfléchiffent paffant au travers du verre, traceront leur image fur la furface
du mur.

Ainfi prenez une toife ou autre mefure, que vous tiendrez parallelement
à l'Horizon ; enfuite approchez ou éloi-
gnez le verre, en le promenant fur la
toife, jufqu'à ce que l'image des carreaux foit diftinctement repréfentée fur
le plan vertical, ou plûtôt jufqu'à ce
que les traits de cette image commencent à paroître moins diftincts, vous en
conclurez la mefure du foyer du verre
comme par le premier moyen.

Troifiéme moyen. Comme le foyer
des Conferves eft extrémement long,
puifqu'il va même jufqu'à fix pieds &
plus, il faut, pour en avoir la mefure,

y faire paſſer la repréſentation d'un objet beaucoup plus éloigné que les chaſſis d'une fenêtre : on pourra le choiſir au dehors s'il eſt éclairé par la lumiere du Soleil ; on en aura l'image diſtincte au foyer du verre.

Lorſqu'on voudra abréger l'opéra-tion, on pourra, (ſi ce ſont des Lunet-tes pliantes & d'une pareille cour-bure,) poſer les deux verres l'un de-vant l'autre ; alors il ſera plus aiſé d'en meſurer le foyer, qui par cette jonction des deux verres ſe trouve raccourci de moitié, comme nous l'avons dit ailleurs. Mais il faudra ſe ſouvenir de doubler le foyer lorſque vous demanderez des Lu-nettes. Celles, par exemple, de 24 pouces n'en produiront que 12. les ver-res étant unis : il faudra donc demander des Lunettes de 24, ainſi des autres à proportion.

Quatriéme moyen. Prenez la Lunet-te que vous avez trouvée la plus con-forme à votre point de vûe ; appliquez-la ſur de la cire d'Eſpagne que vous au-

Q

rez fait chauffer, l'empreinte de la courbure du verre reſtera ſur la cire; il n'en faut pas davantage à l'Artiſte pour connoître préciſément, & pour vous envoyer des Lunettes du même foyer.

Remarquez qu'avant que d'appliquer le verre ſur la cire chaude, il eſt néceſſaire de l'échauffer un peu lui-même, de peur qu'il ne ſe briſe : en faiſant cette opération, il faut tenir la Lunete à la main, afin que la châſſe n'en ſoit pas endommagée par le feu.

On conçoit que ce dernier moyen eſt également propre aux verres concaves & aux verres convexes.

Ceux qui ont déja des Lunettes convenables à leur point de vûe, ne doivent pas être embarraſſés, ſi par accident elles viennent à ſe caſſer; car ils peuvent en envoyer un fragment dans une lettre, lequel ſuffira à l'Artiſte pour en faire de nouvelles, exactement ſemblables aux premieres.

En finiſſant cet article, je dois prévenir certaines perſonnes peu inſtruites,

lefquelles nous demandent quelquefois
des verres qui groffiffent les objets , &
qui en même tems les faffent appercevoir de loin , que c'eft exiger l'impoffi-
ble : ce privilége eft refervé à la Lunette
d'approche à deux ou à quatre verres.
Dans la Lunette fimple plus le foyer
en eft court , & plus elle groffit les objets ; mais par une conféquence néceffaire , moins elle eft propre à faire voir
les objets éloignés.

Comment le verre convexe groffit les objets.

Cet article fervira d'explication à
l'obfervation précédente. On a fait voir
ailleurs que les objets nous paroiffent
grands à proportion de la grandeur, c'eft-
à-dire, de l'ouverture de l'angle fous lequel nous les voyons. Or les rayons qui
partent de l'objet venant à rencontrer la
furface du verre convexe, s'y brifent en
approchant de la perpendiculaire ; d'où
il arrive qu'ils fe réuniffent plûtôt , &
forment par conféquent un angle plus
obtus, une plus large ouverture qu'ils

n'auroient fait fans l'interpofition du verre. Ainfi ils nous repréfentent l'objet d'autant plus grand, que la courbure du verre eft plus confidérable.

Le verre convexe a encore un autre avantage, c'eft qu'il raffemble & fait entrer dans l'œil une quantité confidérable de rayons, qui, fans fon fecours, fe feroient difperfés, & feroient devenus inutiles : cette abondance de rayons ne fert pas peu à diftinguer les parties de l'objet, mieux qu'on n'auroit fait à la fimple vûe.

C'eft apparemment à cette caufe qu'il faut attribuer en partie la différence remarquable qui fe trouve entre certaines perfonnes, dont les unes voyent les objets de beaucoup plus loin que les autres avec un verre de même foyer, par exemple, de 12 pouces. Il faut dire que leurs yeux raffemblent en plus grande quantité les rayons fortis de la Lunette, ou que ces rayons fe brifent dans leur organe d'une maniere plus nette & plus précife. On ne doit donc pas toujours s'en prendre au verre, s'il ne produit pas les mêmes effets dans les divers sujets, mais plûtôt à la différente conformation de leurs organes. Voyez le Chapitre 10ᵉ de cette seconde partie. Réponse à la troisiéme difficulté.

Ce qui prouve sensiblement la réunion des rayons de la lumiere dans le verre convexe, c'est qu'ils embrassent les matieres combustibles au point de leur foyer.

Deux especes de Lunettes à l'usage des vûes longues.

Ceux qui voudront prendre un soin particulier de la conservation de leur vûe, ne doivent pas se contenter d'une seule espece de Lunettes ; ils se trouveront mieux d'en avoir de deux sortes, les unes pour le jour, les autres pour la nuit : si celles du jour sont, par exemple, des Conserves de six pieds de foyer, celles de nuit pourront être de cinq, ou même de quatre pieds. La raison de cette différence, c'est que les Lunettes d'un foyer court étant plus convexes que celles d'un foyer plus long, raſſemblent plus de rayons, & ſuppléent la diminution de lumiere cauſée par l'abſence du Soleil, dont l'éclat ne peut être égalé par les bougies, lampes ou chandelles. L'œil retirera un grand avantage du moyen que je propoſe, parce que recevant toujours à peu près la même quantité de rayon, il ſe fatiguera moins, & la prunelle ne ſera pas obligée de s'ouvrir ſi conſidérablement le ſoir, ce qui maintiendra plus longtems les organes dans le degré de vigueur où ils ſe trouveront. Par une ſuite néceſſaire, la longueur du point de vûe ne diminuera pas, & ce n'eſt pas un médiocre avantage; car quoique les vûes courtes ſoient quelquefois auſſi bonnes que les longues, il eſt cependant fort diſgracieux d'avoir toujours le nez ſur les objets, comme il arrive prématurément à ceux qui ne s'aſſujétiſſent pas le plus qu'ils peuvent à porter des Lunettes d'un foyer un peu long.

Des Lunettes biconvexes.

Les Lunettes ou Conserves biconvexes, c'est-à-dire, dont les verres sont convexes des deux côtés, conviennent mieux aux vûes longues, que celles qui n'ont qu'une surface convexe; & cela pour deux raisons.

La premiere se tire de la conformité des verres biconvexes avec le cristallin, qui est la principale humeur de l'œil. Les Lunettes étant faites pour suppléer au défaut de l'organe affoibli, il y a lieu de croire que plus elles approcheront de sa figure, plus elles lui procureront de soulagement.

La seconde, c'est que les Lunettes qui ne sont convexes que d'un côté, & plattes de l'autre, exigent une attention continuelle, pour les placer toujours de maniere, que la surface plane soit la plus proche des yeux, & la convexité du côté des objets : faute de cette attention, la vûe souffre & s'altère insensiblement, comme ceux qui sont dans le cas peuvent l'avoir éprouvé.

Pour s'en convaincre, il suffit de rappeller le principe général de la Dioptrique, dont on a si souvent parlé dans le cours de cet Ouvrage ; sçavoir, que les rayons de lumiere qui tombent obliquement sur la surface d'un verre biconvexe se brisent deux fois ; l'une en entrant, & l'autre en sortant du verre, ce qui hâte & facilite leur réunion.

Si le verre étant convexe d'un côté, & plan de l'autre, les rayons entrent par la surface convexe, ils s'approchent de la perpendiculaire, & cette convergence n'est point détruite par la surface plane qui leur sert d'issue.

Si au contraire les rayons passent d'abord par la surface plane, ils continuent leur chemin en restant dans leur état de divergence, jusqu'à ce que la surface courbe par laquelle ils sortent les rendent convergens.

On voit que dans le premier cas les rayons se réunissent plûtôt que dans le

fecond de toute l'épaiffeur du verre.
L'expérience s'accorde ici avec le raifonnement. Prenez un de ces verres mixtes, & ayant tourné la furface plane du
côté de l'objet, par exemple, des caractères imprimés, la divergence des
rayons, deviendra fenfible à la circonférence du verre lorfque vous re-
garderez au travers. C'eft ce que les
Ouvriers appellent *berluer* : tournez le
verre, cette divergence difparoîtra. Il
eft donc conftant que les Lunettes biconves font préférables à celles qui ne
font convexes que d'un côté : ceci doit
s'entendre toutes chofes égales ; car je
préférerois fans doute des Lunettes
mixtes bien travaillées, aux Lunettes
communes convexes de part & d'autre.

Mais à l'égard des bonnes Lunettes,
il y a encore une obfervation à faire. Il
nous vient tous les jours des perfonnes
qui n'ont befoin que des Conferves les
plus jeunes, c'eft-à-dire, du plus long
foyer, lefquelles nous difent qu'el-

les voyent les objets plus diftinctement avec les yeux, qu'avec les meilleures Lunettes que nous puiffions leur fournir. On croiroit d'abord que l'ufage des Lunettes leur eft préjudiciable, ou tout au moins inutile ; mais il ne faut pas toujours en juger ainfi : il y a des vûes délicates que l'interpofition de la Lunette bleffe & incommode, parce qu'elle femble répandre un petit nuage fur les objets. Mais outre que l'habitude peut beaucoup en ceci, voici ce qu'il faut faire pour obvier à cette difficulté ; c'eft de ne donner aux plus jeunes Conferves que le moins d'épaiffeur qu'il eft poffible. Or on peut les réduire à la jufte étendue qu'exige la convexité de leur foyer, enforte que ces verres foient dans tous les points de la circonférence auffi aigus que les bords d'un fol marqué. Alors les Lunettes feront moins incommodes pour ceux qui commencent à en porter, ou ils s'y accoûtumeront plus aifément.

Des Monocles ou Lunettes à la main.

Les Lunettes à un seul verre qu'on tient à la main, appellées communement Monocles, ou Lancetiers, plaisent à certaines personnes mieux que les Lunettes ordinaires que l'on met sur le nez. On s'imagine que celles-ci donnent un air de vieillesse, & répandent, je ne sçai quel ridicule sur la personne de ceux qui les portent; au lieu que les Monocles, sans être sujets à de pareils inconveniens, peuvent être maniés avec grace.

Je ne m'arrêterai point à combattre ces frivoles avantages : je me contenterai de remarquer, que l'usage des Lunettes à deux verres est plus conforme à la nature que celui des Monocles. Nous avons deux yeux dont les axes d'abord séparés, se réunissent ensuite dans un seul point : cette approximation des axes ne doit point être forcée, il faut qu'elle suive sans effort la direction que lui donnent les muscles optiques. Or

en fe fervant de Lunettes à deux verres, qui ont chacune leur foyer dif-
tinct, cette direction n'eft point gênée.
Il n'en eft pas de même, lorfqu'on ufe
de Monocles, les deux axes optiques
font obligés de fe confondre dans le même verre, qui n'a qu'un feul foyer. L'effort qu'il faut faire pour cela altère évidemment le jeu de l'organe ; & c'eft la
véritable raifon pour laquelle ceux qui
fe fervent de Monocles fentent baiffer
leur vûe en très-peu de tems. Souvent
même il arrive que les axes optiques
ayant contracté l'habitude d'une fauffe
direction, ne peuvent plus fe prêter à
l'ufage des Lunettes à deux verres.

Cet inconvenient devient nul à l'é-
gard de ceux qui ne voyent que d'un
œil, ainfi ils ne courent aucun rifque
de fe fervir de Monocles ; mais ils ne
fçauroient éviter l'incommodité qui
fe trouve dans l'occupation de l'une
des deux mains, & dans le mouvement que la tête eft obligée de faire
pour fuivre la main lorfqu'elle promene

cette Lunette fur les objets que l'on confidere.

Comme les Monocles font ordinairement plus larges que les Lunettes à deux verres, la meilleure maniere de s'en fervir confifte à les tenir bien près de l'œil ; par-là on évite le changement de foyer, & la variété des réflexions, qui eft le fecond inconvenient de cette efpece de Lunette.

On comprend que la main qui foutient le Monocle à quelque diftance de l'œil & de l'objet, ne fçauroit être fixe, non plus que la tête qui fuit fon mouvement, d'où il arrive que l'œil s'approche ou s'éloigne à chaque inftant du foyer, ce qui change le diametre de la prunelle, & fatigue l'organe.

Outre cela lorfque le Monocle fe trouve à une diftance à peu près égale entre l'œil & l'objet, le foyer donne de part & d'autre un double produit, du moins fi le verre eft convexe des deux côtés ; par-là l'objet fe trouve confidérablement groffi, & la vûe s'accoûtumant à ce fecours difproportionné à fon befoin baiffe en peu de tems.

Il eft vrai qu'on peut parer à cet inconvenient, en fe fervant d'un foyer plus long, comme de 12 pouces ; alors on verra les objets auffi grands qu'avec un verre de 6 pouces que l'on tiendra près de l'œil.

En général, ceux qui ne voudront point quitter l'ufage des Monocles, malgré tout ce que nous en avons dit, doivent être attentifs à prendre des verres biconvexes d'une courbure pareille de part & d'autre, parce que l'inégalité en ce genre ne manqueroit pas de préjudicier à leur vûe ; car la furface moins convexe repréfente l'objet d'une maniere un peu louche, & diminue la convergence des rayons de la lumiere dans l'autre furface, qui eft plus convexe.

Au refte les perfonnes de la Province qui s'adrefferont à nous, pour avoir de ces fortes de verres conformes à leur point de vûe, pourront connoître le foyer dont ils ont befoin, par les mé-

thodes que nous avons ci-devant don-
nées.

Ce que nous avons dit jusqu'ici regarde les vûes longues. Quant aux vûes
courtes dont nous parlerons inceſſamment, quand elles ſe ſervent de Monocles, elles ont coûtume de les tenir près
de l'œil. Ainſi il convient de leur donner le même foyer des Lunettes à deux
verres dont elles pourroient uſer.

CHAPITRE QUATRIEME.

Des différentes eſpeces de vûes courtes.

ON entend ordinairement par vûes
courtes, celle des perſonnes qui
ont le criſtallin extrémement convexe;
ce qui fait que les rayons de lumiere
ſouffrent de plus grandes réfractions
dans leur organe, & ſe réuniſſent plus
promptement que dans les perſonnes
qui ont la vûe longue.

C'eſt pour cela que ces ſortes de vûe

s'approchent le plus qu'il eſt poſſible do l'objet qu'elles conſidérent & demandent à être aidées par des verres concaves qui rendent les rayons divergens, & les empêchent de ſe raſſembler avant que d'être parvenus au fonds de l'œil.

La premiere eſpece de vûe courte, comprend celles qui le ſont de naiſſance. Ces ſortes de vûes, quoique courtes, peuvent être très-bonnes, & ſe paſſer de Lunettes : leur en perſuader l'uſage, ce ſeroit les aſſujétir ſans néceſſité, comme ſans ſuccès. On en voit qui parviennent à l'âge le plus avancé, & qui meurent ſans avoir jamais eu beſoin de nous appeller à leur ſecours.

Il paroît même que la vûe courte eſt un avantage naturel qui nous rend capables des opérations les plus délicates. Combien d'Artiſtes exécutent avec le ſeul ſecours des yeux, mais à la vérité de fort près, des ouvrages extrémement fins, que les vûes longues

ne

ne peuvent appercevoir qu'avec des Loupes. Les gravures de Calot, de le Clerc, & d'autres maîtres qui ont travaillé dans le même goût, ont été faites sans Lunettes.

Les Peintres en miniature les plus célèbres, ont eu pour la plûpart la vûe courte, & par-la même ils sembloient nés pour cet Art. Du moins est-il fort heureux pour le public, qu'ils ayent fait servir les dispositions qu'ils avoient reçûes de la nature à la perfection d'un genre d'ouvrage, où l'on demande une exactitude si recherchée.

Cette réflexion m'engage dans une autre qui pourra paroître étrangère à la matiere que je traite ; mais j'espere qu'on l'approuvera en faveur de l'intérêt public, qui me l'a inspiré : elle regarde ceux qui ont des enfans nés avec des vûes courtes. J'ai reconnu dans le plus grand nombre des talens singuliers, les uns pour une chose, & les autres pour une autre, ce qui est bien plus rare dans les enfans qui ont la vûe longue.

R

Il seroit à souhaiter que les parens y fis-
sent une attention particuliere, & qu'ils
applicassent ces enfans aux occupations
les plus conformes à cette disposition,
qui les mettroit en état d'exceller dans
le genre qu'ils auroient choisi. On sçait
qu'il n'est pas possible de réussir quand
on marche hors de la voie que la Providence semble nous tracer par les dons
naturels qu'elle nous distribue. Il est
certain que les vûes courtes jugent plus
sûrement que les longues de toutes sortes d'ouvrages de méchanique. On
pourroit en rapporter la raison physique : il faut moins de lumiere à ceux-la
qu'à ceux-ci. L'excès de lumiere ébloüit
les derniers, & les rend, pour ainsi dire,
aveugles sur une infinité de défauts. Les
derniers au contraire examinant tout
avec une scrupuleuse attention, on di-
roit que leurs regards pénétrent jusqu'à
la seconde surface des objets, & rien
n'échappe à leur examen.

L'expérience m'a encore appris que
le plus grand nombre des Ouvriers qui

travaillent fur des matieres extrémement brillantes, comme l'or, l'argent
& la foie, perdent bientôt la vûe, ou
font contraints d'abandonner ce genre
d'occupation. Parmi ces Ouvriers ceux
qui ont la vûe courte, feroient plus utilement employés à travailler fur des
matieres brunes ou noires, qui fatiguent
les vûes longues ; car les vûes courtes
n'ont pas befoin de beaucoup de lumiere pour appercevoir les plus petits
objets : & lorfque les rayons font trop
abondans, leurs mufcles s'énervent par
l'effort qu'ils font pour en écarter le
fuperflu, ce qui rend peu à peu l'organe tout-à-fait infenfible.

Il y a des gens qui prétendent que
les vûes courtes dont je parle doivent
prendre des Conferves à un certain âge.
On allégue que par-là ils ménageront
leur vûe, & ne courront jamais rifque
de la perdre totalement, ou au moins
donner occafion aux cataractes, dont on
parlera dans la fuite de ce Chapitre,
comme il eft arrivé à plufieurs pour avoir

négligé cette précaution. Je ne puis approuver ce fentiment, & j'ai déja montré que l'âge précifément n'eft point une marque certaine du befoin qu'on a de fe fervir de Lunettes. Ainfi je réponds que les vûes courtes à qui elles paroiffent néceffaires, en ont contracté la néceffité par un travail forcé, ou par quelque indifpofition qui leur eft furvenue. En ce cas, & avant que la vûe foit confidérablement baiffée, il eft bon de leur donner d'abord des verres d'un foyer un peu long, comme de dix à douze pouces. On les gêneroit extrémement fi l'on vouloit les affujétir à des foyers beaucoup plus courts. Au refte comme l'âge n'y fait rien, ces foyers de dix à douze pouces peuvent convenir à des perfonnes de 25, 40, 50 à 60 ans. Il faut avoir égard aux difpofitions particulieres des fujet, bien plus qu'à toute autre chofe.

La meilleure raifon que l'on puiffe donner pour juftifier l'ufage des Conferves, à l'égard des vûes courtes &

bonnes, c'est que ces Lunettes, pour-vû qu'elles soient très-régulieres, abré-gent une partie du chemin qui se trou-ve entre l'œil & l'objet, & ne fatiguent pas tant l'organe, parce que son effort n'est tenu d'aller que jusques au centre du verre ou foyer qui fait seul le reste de l'ouvrage. Mais ce raisonnement ne paroîtra pas convainquant à ces vûes fortes, que les Conserves embarrassent, au lieu de les aider. Il faut toujours en revenir au point décisif qui doit régler l'usage des Lunettes, foiblesse ou alté-ration dans l'organe.

Ce sont en effet les vûes courtes de foiblesse que je place au second rang, qui doivent appeller les Lunettes à leur secours. On peut leur en fournir de trois sortes ; Lunettes ordinaires à mettre sur le nez, avec des verres concaves ; Lu-nettes d'approche à deux verres, l'un concave, & l'autre convexe ; enfin Lu-nettes à la main à un seul verre.

Mais si l'on se sert de ces dernieres, il faut être attentifs à les porter tantôt à

droit, & tantôt à gauche, pour conserver une égale force dans les deux yeux ;
sans cette précaution l'œil qu'on aban-
donne à lui-même perd une partie de sa
vigueur, & baisse quelquefois jusqu'au
point de ne trouver aucun soulagement
dans notre Art.

La troisiéme espece comprend les
personnes qui ont la vûe d'un œil plus
court que celle de l'autre ; il n'est pas
aisé de les servir : il faut y apporter de
grandes attentions ; examiner scrupu-
leusement le point de vûe de chaque œil
en particulier, & leur donner des Lunettes dont les verres soient proportionnés à leurs différens besoins ; cette
proportion assemble quelquefois dans
une même Lunette, un verre concave
avec un verre convexe, ou des verres
concaves de foyer très-différent. Nous
renvoyons le Lecteur à ce nous avons
dit sur cette matiere dans l'article des
vûes longues, troisiéme espece.

La quatriéme espece est des vûes
louches ; car le loucher peut se trouver

également dans les vûes courtes, comme dans les vûes longues. A l'égard de ceux qui ont ce défaut, il faut examiner fi les deux yeux font de la même force : en cas d'inégalité, on doit leur donner des Lunettes compofées de verres à foyer inégaux, & marquer foigneufement les côtés de la Lunette, pour diftinguer celui qui convient à l'œil droit, de celui qui eft propre à l'œil gauche. Voyez ce qui a été dit dans l'article du diametre des Lunettes, chapitre fecond, vous y trouverez une obfervation importante pour les vûes louches.

En voici une autre qui n'eft pas d'une moindre conféquence.

Les vûes louches font celles qui voulant regarder un objet, font obligées de diriger l'axe de l'un des yeux d'une part, tandis que l'axe de l'autre œil fe tourne d'un autre côté. Ce défaut vient de ce que la partie la plus éminente de la cornée, chez les perfonnes louches, eft fitué dans un œil différemment que

R iv

dans l'autre. Or comme l'objet que l'on veut confidérer doit être placé vis-à-vis cette partie plus faillante de la cornée, afin que les rayons qui en font réfléchis parviennent à la rétine, il s'enfuit que les louches ne fçauroient diriger uniformement leurs axes optiques. C'eft pourquoi ils paroiffent regarder de travers, ce que les autres hommes regardent directement.

On conçoit que l'effet de cette obliquité diminue à proportion de l'éloignement des objets ; c'eft la raifon pour laquelle les louches voyent de loin avec des Lunettes à verres concaves , qui rendent les rayons divergens, & facilitent par conféquent leur entrée dans la prunelle & le fonds de l'œil. Par une raifon contraire les verres convexes ne fçauroient leur convenir.

Je place dans le cinquiéme rang ceux qui ont fouffert l'opération de la cataracte d'un feul œil, l'autre reftant court, tel qu'il étoit auparavant. Ces fortes de perfonnes doivent apporter de grandes précautions dans le choix des verres qui conviennent à leurs yeux : il faut sur-tout avoir égard à l'inégalité de force de l'un & l'autre œil, pour leur donner des Lunettes composées alors de différens foyers, comme de différentes courbures.

Il y a une derniere espece de gens, qui sont obligés de cligner les yeux lorsqu'ils observent un objet; ce sont des vûes délicates qu'une trop grande quantité de lumiere blesse & fatigue; c'est ce qui nous arrive à tous lorsque nous venons des ténèbres au grand jour, ou lorsque nous regardons le Soleil. L'habitude de clignoter peut encore venir du vice de la prunelle, qui étant trop large, reçoit plus de lumiere qu'il ne faudroit : celle des Hiboux est ainsi conformée, aussi cherchent-ils les lieux sombres pour se dérober au grand jour. De même les personnes dont nous parlons voyent mieux quand le jour baisse, & quand il est presque nuit close, qu'ils ne font en plein midi. Comme les verres concaves font diverger les rayons, ils font propres à ces fortes de vûes.

Des verres concaves propres aux vûes courtes.

C'eft la trop grande convexité du criftallin dant les vûes courtes qui les oblige d'avoir recours aux verres concaves, pour empêcher la réunion trop prompte des rayons de la lumiere. Mais il en eft des verres concaves comme des convexes, c'eft-à-dire, qu'ils font de deux fortes ; les uns concaves d'une part feulement, & plans de l'autre ; les feconds concaves des deux côtés. Ceux-ci font les plus convenables, non-point par aucune fimilitude avec la configuration du criftallin, comme il a été dit à l'égard des verres biconves ; mais plû-tôt au contraire, parce que les verres concaves des deux côtés, corrigent par leur figure oppofée, l'excès de convexité des vûs courtes, mieux & plus fû-rement que ne feroient les verres con-caves d'un feul côté.

De-là il est évident que les verres convexes ne sont point propres aux vûes courtes, parce qu'ils aident la réunion des rayons qui n'est déja que trop hâtée à leur égard. Mais si les verres concaves leur sont utiles en retardant cette réunion, par une conséquence nécessaire ils rapetissent les objets, en les faisant voir sous un plus petit angle.

Quant à la matiere des verres concaves, elle doit être aussi pure & aussi exactement façonnée que celle des verres convexes. Les couleurs les plus avantageuses pour les vûes courtes, sont celles qui tirent sur le jaune ou sur le verd d'eau ; mais le grand blanc leur est ordinairement nuisible.

Je passe à la détermination des foyers. Nous avons fait voir que les vûes courtes de naissance, mais bonnes d'ailleurs, n'ont pas besoin de Lunettes ni de Conserves. Si cependant quelques personnes en veulent user par précaution, il ne faut point leur donner d'autres verres que ceux qui font précisément l'effet de leur vûes, c'eſt-à-dire, dont le foyer eſt à leur point, autrement leur vûe baiſſe-ra infailliblement ; auquel cas les pre-mieres Conſerves qui leur conviennent ſont de 4 pieds, 3 pieds & demi, ou 3 pieds de foyer. On peut enſuite paſ-ſer, ſelon le beſoin, à des foyers plus courts, comme de 20, 18, 16 pou-ces, &c. en obſervant ce qui a été dit ailleurs pour les vûes longues.

Il faut en uſer à peu près de même à l'égard des vûes courtes & foibles qui forment la ſeconde eſpece, & prendre garde ſur-tout de ne pas forcer leur vûe par des foyers trop courts, de peur d'en hâter le dépériſſement.

La troiſiéme eſpece, qui eſt des cour-tes vûes mixtes, exige bien des atten-tions : il faut leur faire eſſayer, com-me aux vûes longues, différens verres, & aſſembler dans une même Lunette ceux qui ſeront juſtes à leur point. Il ar-rive quelquefois, après un ſérieux exa-men, que l'on eſt obligé de joindre un verre convexe avec un concave, tant il se peut trouver de disparité entre les yeux d'une même personne. D'autre fois il faudra joindre deux verres concaves de foyer très-différent, comme de douze, & de six pouces, &c.

Il est important d'observer ici, que plus les vûes sont foibles & défectueuses, plus les verres qu'on leur destine doivent être parfaits. La moindre irrégularité étant capable de leur causer un grand préjudice.

On doit encore avoir égard à l'habitude qu'elles ont contractée. Je m'explique. Un verre de Lunette se casse. Quand il s'agit de le remplacer, l'Artiste doit être attentif à donner un autre verre de meme couleur que le premier; & pour ne s'y pas tromper, il faut se servir du moindre fragment que l'ou aura pû conserver, comme d'une piece de comparaison.

Il n'est pas moins indispensable de donner à ce second verre la courbure du premier. Pour cela, il faut être bien sûr du bassin sur lequel on le façonnera, nous avons fait voir ailleurs, que les baſſins changent aiſément de courbure en travaillant. Si l'on veut pouſſer l'exactitude juſqu'au point où elle peut aller, on doit faire travailler chaque côté du verre ſur des baſſins différents, mais par le même Ouvrier; car il y en a qui pouſſent le douci plus loin que d'autres.

Quant à l'âge, il eſt aſſez inutile d'y faire attention. J'ai donné le même foyer de deux pouces & demi à trois perſonnes ; l'une de 28, la 2e de 55, & la 3e de 80 ans. Une autre fois le même foyer de quatre pieds à un jeune homme de 24 ans, & à une Dame de 70, tous s'en ſont bien trouvés, parce que ces verres étoient proportionnés à leurs diſpoſitions. Ainſi les perſonnes de Province doivent s'attacher, lorſqu'elles nous demandent des Lunettes, à nous faire connoître l'étendue de leur point de vûe, plûtôt que leur âge. J'ai donné pluſieurs moyens dont elles peuvent ſe ſervir pour connoître ce point.

J'en donnerai inceſſamment un autre pour les vûes courtes en particulier.

Nous n'ajoûterons rien ici à ce que nous avons dit ailleurs touchant la quatriéme eſpece de vûes courtes ; la principale précaution conſiſte , comme à l'égard des vûes mixtes, à proportionner les verres des Lunettes , à la diſpoſition particuliere de chacun de leurs yeux.

Pour la cinquiéme claſſe, il faut diſtinguer ſi l'opération de la cataracte, qui n'a été faite que ſur un œil , il peut ſe faire que l'autre œil n'en ait pas été affoibli ; & dans ce cas les Lunettes dont il uſoit auparavant , pourront encore lui ſuffire. Mais comme il eſt rare que le point de vûe n'en ait pas été conſidérablement altéré , on ſera obligé de recourir à des verres d'un foyer plus avantageux.

Il faut dire la même choſe de l'œil qui a ſouffert l'opération ; je veux dire qu'il faut lui donner un verre convenable à ſon point , que l'on aſſemblera dans une même Lunette, avec le verre proportionné à l'autre œil. Si par hazard, ce qui est fort rare, l'œil sain ne se servoit pas auparavant de Lunettes ; comme l'œil malade ne sçauroit s'en passer, il faut composer une Lunette dont l'un des verres soit plan des deux côtés, & qui par conséquent ne fasse aucun effet dans l'œil bien disposé.

Quant à ceux qui ont souffert l'opération sur les deux yeux, il est difficile d'établir quelque chose de précis à leur égard. On peut dire en général que les jeunes gens sont plus à portée d'être secourus, que les personnes les plus avancées en âge ; mais il est bon d'attendre qu'il se soit écoulé au moins trois mois depuis l'opération pour prendre son parti. Cet espace de tems est nécessaire pour juger sainement de l'état des yeux des malades, comme nous allons le prouver incessamment.

Quelquefois la vûe se trouve tellement affoiblie après l'opération, qu'elle ne peut recevoir de soulagement des meilleures

meilleures Lunettes. Mr Gendron,
l'un des plus célèbres Oculistes de notre siécle, m'a fait l'honneur de m'a-
dresser plusieurs personnes auxquelles
on avoit fait l'opération. J'ai taché
d'être utile à tous ; mais j'ai avoué à
quelques-uns, que les secours de l'art
ne leur étoit d'aucune utilité, vû leur
disposition actuelle ; qu'ils devoient se
contenter du peu d'avantage que la simple vûe pourroit leur fournir, plûtôt
que de forcer, & par conséquent dégrader de plus en plus la vigueur qui
restoit dans leurs organes, par l'usage
des Lunettes extrémement convexes,
qu'on seroit obligé de leur donner ; que
le repos étoit le meilleur reméde qu'on
peut leur conseiller dans la circonstance ; & qu'enfin le tems apporteroit peut-
être quelque changement dans leur situation, qui les mettroit en état de tirer
du secours des verres optiques.

Généralement parlant, on prétend
que les vûes courtes sont plus sujettes
à la Cataracte que les longues ; c'est

S

pourquoi j'ai remis à parler des unes &
des autres en cet endroit.

Idée de l'opération de la Cataracte.

L'opération de la Cataracte eſt la ſup-
preſſion d'une partie eſſentiel à la perfection de la vûe, je veux dire le criſtallin, qui ayant perdu ſa tranſparence,
intercepte alors les rayons de lumiere
qui paſſent au travers de la prunelle,
& arrête toute communicaton d'images, d'objets extérieurs ſur la rétine. Ce
criſtallin une fois ſorti de l'axe de l'œil,
& abattu inférieurement à l'humeur
aqueuſe, & à l'humeur vitrée, les rayons
de lumiere nous repréſente de nouveau
les objets que nous avions perdus de
vûe, beaucoup plus foiblement à la
vérité qu'avant cet accident. Voilà
pourquoi on eſt obligé de ſuppléer au
criſtallin, non-ſeulement par des verres d'une convexité ſupérieure aux Lunettes, même les plus âgées, mais encore parce qu'ordinairement la vûe de
ceux à qui on a fait cette opération, reſte

beaucoup plus baſſe que celles des perſonnes les plus avancées en âge. Je n'en
ai encore trouvé aucune, qui après l'o-
pération put lire ou écrire ſans ce ſecours;
& j'en ai vû pluſieurs pour qui ces ſortes
de Lunettes étoient préjudiciables, auxquelles j'ai conſeillé de ſe bien donner
de garde de leur uſage, & de profiter
de cette nouvelle vûe, quoique foible,
que l'opération ſeule avoit été capable
de leur procurer.

Les verres convexes conviennent
donc aux vûes courtes, comme aux
vûes longues dans le cas de la Cataracte abattue. L'opération de la Cataracte n'étant autre choſe que l'abaiſſe-
ment ou la dépreſſion de la lantille du
criſtallin avec ſa capſule, dans la partie
inférieure de la chambre poſtérieure de
l'humeur aqueuſe; l'humeur vitrée prenant alors la place de la criſtalline d'une
maniere conforme à ſa figure lenticulaire, en exerce les fonctions, & retablit par
conſéquent la vûe; la trop grande convexité naturelle de cette humeur n'eſt

donc plus un obstacle à l'usage des verres convexes. On pourra leur en fournir depuis 4 pouces de foyer jusqu'à 18 lignes pour les plus foibles. S'il y a quelques vûes qui demandent de la régularité pour la courbure des verres, c'est sans contredit, celles qui ont souffertes l'opération de la Cataracte. L'Opticien doit se souvenir que dans pareil cas, son verre doit être pour ces personnes-là un cristallin artificiel, qui doit par conséquent avoir toute la perfection dont l'art soit capable, autrement il courra les risques de faire remonter la Cataracte, comme je vais le prouver, & faire perdre le fruit d'une opération quelquefois bien faite.

Quand j'exige qu'on ne donne des Lunettes aux personnes opérées que trois mois après l'opération, c'est pour plusieurs raisons.

Premierement, c'est que les Lunettes peuvent occasionner la remonte de la Cataracte, par la contraction que l'excès ou l'irrégularité de la courbure des verres, peut procurer à tous les petits fibres inférieurs , qui quelquefois n'ayant pas été déchirés , mais allongés feulement, ramenent avec eux la membrane qui fert d'enveloppe au criftallin. Et le cas dans lequel les Lunettes peuvent être extrémement nuifibles, c'eft lorfqu'on a haché le criftallin avec fa capfule, (ce qui arrive fouvent lorfque la Cataracte eft adhérente,) plufieurs lambeaux fe trouvant repréfentés au fond de l'œil par la furface du verre , qui au lieu d'être un moyen de fenfation plus exacte & plus reguliere , devient par fa proximité immédiate de l'organe, un obftacle très-préjudiciable par tous les ébranlemens que l'image de tous ces lambeaux occafionne fur la rétine.

Secondement, l'humeur vitrée ayant pris la place de la criftalline , & étant moins denfe qu'elle , eft plus fujette à s'épaiffir, & avec le tems à devenir plus convexe ; dans lequel cas nous fommes obligés alors de donner des verres d'un foyer plus long que nous n'en aurions

donné quinze jours après l'opération,
Importante raifon de différer l'ufage
des Lunettes, pour apprendre par le
tems l'efpece de courbure que prendra
l'humeur vitrée, pour décider d'une
maniere plus utile pour les malades le
foyer des verres qui leur fera le plus
avantageux.

Derniere raifon. Il arrive quelquefois en abattant la Cataracte, une extra-
vafion de liqueurs, qui trouble l'action
de toute la fubftance de l'œil, de façon que les rayons de la lumiere ne peuvent nous donner que des images confu-
fes des objets; il faut donc auffi attendre
la clarification des liqueurs des yeux.

Je n'ai rien à dire de particulier touchant la fixiéme claffe, qui eft compofée des perfonnes fujettes à cligner les
yeux, fi ce n'eft qu'il convient de leur
donner des verres concaves, qui fervi-
ront à écarter une partie des rayons dont
la trop grande abondance les fatigue.
Mais il faut ici, comme ailleurs, avoir
égard dans le choix des verres à la force

plus ou moins grande de leur point de vûe.

On peut dire encore, suivant l'expérience que j'en ai faite, que ces six sortes de vûes courtes se soudivisent en trente especes différentes, puisque les moins courtes sont susceptibles de secours avec des verres de 6 pieds de foyer, 5 pieds, 4 pieds, 3 pieds, 30 pouces, 24, 20, 18, 16, 14, 12, 10, 9 & 8 pouces. Les plus courtes se servent de verres des foyers de 7 pouces $\frac{1}{2}$, 7 pouces, 6 pouces $\frac{1}{2}$, 6 pouces, 5 pouces $\frac{1}{2}$, 5 pouces, 4 pouces $\frac{1}{2}$, 4 pouces, 3 pouces $\frac{1}{2}$, 3 pouces, 2 pouces $\frac{1}{2}$ 27 lignes, 2 pouces 21 lignes. Les plus courtes & les plus rares, 18 & 16 lignes.

Moyens dont les vûes courtes peuvent se servir pour connoître leur point de vûe.

Une personne de Province, qui a la vûe courte, m'écrivit il y a quelques années, qu'après avoir essayé différentes sortes de verres chez les Marchands de

Lunettes , elle n'avoit point encore réuſſi à en trouver de convenables à ſa vûe , les unes ou les autres étant ou trop courtes , ou trop longues ; & que faute de ſecours elle étoit ſouvent obligée de demeurer dans l'inaction.

Je lui répondis qu'elle pouvoit m'envoyer ſon point de vûe , en ſe ſervant pour cela d'un dernier expédient que j'avois imaginé , & qui a été ſuivi d'un heureux ſuccès à l'égard de pluſieurs vûes courtes qui s'étoient adreſſées à moi. Il conſiſte à meſurer avec un fil l'eſpace ou la diſtance des yeux juſqu'à l'objet vû diſtinctement ; cet objet doit être , par exemple , des caractères imprimés ou manuſcrits , & à m'envoyer ce fil : la perſonne dont je parle ſuivit mon conſeil. Par l'étendue du fil , je jugeai qu'il lui falloit des verres concaves de huit pouces de foyer. L'expérience confirma ce jugement. Cette perſonne fut très-ſatisfaite des verres de ce foyer ; elle me fit tenir dans la ſuite environ deux douzaines de verres achetés chez divers Marchands. Après en avoir fait l'examen, je trouvai que les uns avoient 14, 15, 16, 18 & 20 pouces de foyer, & les autres 10, 5, 4 & 3 pouces. C'est pourquoi aucun n'étoit proportionné à son point de vûe.

Lorsque les vûes courtes qui ont besoin de Lunettes se présentent à nous, il nous est aisé de connoître leur point par la distance que nous leur voyons prendre pour discerner les objets, ou par le foyer des verres que nous leur faisons essayer. Mais à l'égard des absens, je n'ai point encore trouvé de moyen plus abrégé & plus commode, que celui que je viens d'indiquer. Il est néanmoins sujet à quelques exceptions.

Exceptions au moyen donné.

Les exceptions que je vais proposer dans cet article, sont fondées sur deux faits surprenans, dont je puis attester la vérité, puisqu'ils se sont passés sous mes yeux.

Premierement. Une Dame âgée de

75 ou 76 ans, s'étant adressée à moi pour se procurer des Lunettes, je reconnus par diverses expériences, qu'elle ne pouvoit lire distinctement qu'en tenant son livre à six pouces de distance de ses yeux. Je lui fis essayer d'abord des verres de 4 & 5 pouces, & successivement de 6 & 7 pouces, &c. elle ne put lire commodément que lorsque je lui eus donné un verre de 18 pouces de foyer.

Je sçai aussi que quelques courtes vûes qui usent de Lunettes, ont trouvé plus d'avantages dans celles qui avoient un foyer double de leur point de vûe, que dans celles qui étoient de la même mesure.

Secondement. J'ai servi un jeune homme de 24 ans, qui voyoit distinctement à la distance de 7 pouces. Les verres de ce foyer ne lui procuroient point d'aisance, & n'augmentoient pas l'étendue de son point ; il retiroit encore moins d'avantage des verres d'un foyer plus long. Je m'avisai de lui faire esfayer des foyers plus courts, & je parvins avec un verre de 3 pouces & demi à lui procurer la vûe claire & diftincte des objets à 15, & même 18 pouces d'éloignement.

J'avoue que ces exemples font rares ; mais ils n'en font pas moins conftans. Je n'entreprendrai point, (& fans doute le public judicieux ne l'exige pas de moi,) d'expliquer ces phénomenes, il eft certain qu'ils dépendent d'une conftruction finguliere des organes. Dans le premier cas, peut-être que la longueur du foyer force la prunelle à s'élargir, & par-là procure la vûe de l'objet à une diftance éloignée ; tandis qu'un foyer plus court laiffe la prunelle dans fon état ordinaire.

Dans le fecond cas, ne pourroit-on pas dire, qu'un foyer plus court procurant une plus grande abondance de rayons, fait une plus forte impreffion fur la rétine & fur les mufcles optiques, qui donne par conféquent la facilité d'appercevoir les objets éloignés mieux que ne feroit un foyer plus long.

Quoi qu'il en foit, j'ai été bien aife de communiquer aux Artiftes ces Obferva-tions fingulieres. Elles previendront la furprife où pourroit les jetter l'expé-rience qu'ils auront peut-être occafion d'en faire eux-mêmes. Elles les mettront auffi en garde contre une prévention auffi commune que mal fondée , qui fait foupçonner à quelques-uns , que les acheteurs nous en impofent, lorfqu'ils nous déclarent l'effet que nos verres produifent fur leurs organes. Quel pour-roit être en cela leur but, & peut-on croire qu'ils veuillent fe tromper eux-mêmes en cherchant à nous induire en erreur ? Il eft bien plus raifonnable de croire qu'il y a une infinité d'effets dont nous ignorons les caufes , mais qui n'en font pas moins réels. Une étu-de affidue, & les inftructions des Sça-vans , nous en procureront peut-être un jour la connoiffance.

Malgré ces exceptions , le moyen que j'ai propofé ne laiffera pas d'être d'une grande utilité, parce que les deux cas dont j'ai parlé ne font pas communs, ainſi que je l'ai déja obſervé. Et dans le fonds cette méthode nous conduira toujours à quelque choſe de plus ſûr, que d'envoyer au hazard des verres de 10, 12 à 15 pouces de foyer, à des perſonnes qui auroient beſoin de ceux de 5 & 6 pouces, ou de 20 & 24.

Voici même une précaution que l'on peut prendre lorſqu'on a lieu de craindre l'erreur, c'eſt d'envoyer avec le verre du foyer que l'on demande, deux autres verres, l'un d'un foyer ſupérieur, & l'autre d'un foyer inférieur. Par exemple, ſi la longueur demandée eſt 12 pouces, on enverra trois verres; le premier de 10, le ſecond de 12, & le troiſiéme de 14 pouces. Il arrivera rarement que l'un des trois ne convienne pas à celui qui nous aura donné la commiſſion.

CHAPITRE CINQUIEME.

Du loucher dans les Enfans.

LE loucher dans la plûpart des enfans ne vient d'aucun vice de conformation, mais de la mauvaise habitude qu'ils contractent de tourner leurs yeux en même-tems de différens côtés. Cet accident leur arrive le plus souvent lorsqu'ils veulent imiter d'autres enfans déja louches, ou lorsqu'on leur présente plusieurs objets à la fois.

On en voit encore qui s'accoûtument à loucher, lorsqu'ils sont placés pendant un tems considérable à côté d'une chandelle, ou bougie, ou d'une fenêtre, ou enfin de quelqu'autre objet éclairé, capable d'attirer leurs regards. Alors, soit par paresse, soit par crainte qu'on les reprenne, au lieu de tourner les deux yeux & toute la tête vers l'objet de leur curiosité, ils se contentent de le regarder comme à la dérobée avec l'œil qui en eſt le plus voiſin ; d'où naît enſuite la déſunion des axes optiques, ou l'habitudé de loucher.

J'ai connu une Dame qui s'étoit occupée dans ſon enfance à contrefaire les perſonnes louches ; elle y réuſſiſſoit ſi bien, qu'elle devenoit, quand elle le vouloit, méconnoiſſable à ceux même qui la fréquentoient tous les jours. A l'âge de trente ans, l'un de ſes yeux, (c'eſt apparemment celui qui s'étoit le plus exercé au jeu que l'on vient de decrire,) baiſſa ſi conſidérablement, que lorſqu'elle reſolut de faire uſage de Conſerves, dont elle avoit extrémement beſoin, je fus obligé de lui en donner d'aſſorties de verres proportionnés au point de vûe de chacun de ſes yeux, mais très-différens entre eux ; car l'un étoit convexe de 4 pieds de foyer, & l'autre concave de 10 pouces.

La premiere fois que je vis cette Dame, je m'apperçûs d'abord que ſes yeux n'étoient pas bien allignés, & que l'un d'eux faillissoit confidérablement hors de son orbite. Il est évident que l'exercice qu'elle lui avoit donné, avoit allongé les ligamens, & affoibli par conféquent les mufcles optiques. On peut juger, par cet exemple, de quelle conféquence il est de veiller à ce que les enfans ne contractent pas l'habitude de loucher. Ce défaut néanmoins n'est pas incurable, lorfqu'on y apporte promptement le reméde que nous allons indiquer.

Demi Mafques pour guérir les enfans de l'habitude de loucher.

Pour corriger les enfans de l'habitude de loucher, on se sert d'un Inftrument appellé *Mafque à louchette*; il est compofé d'un morceau de Velours, ou du Raz de Saint Maur, où l'on ajufte deux efpeces de moules ou boutons creufés & percés de maniere que les ouvertures se trouvent vis-à-vis la prunelle des yeux des enfans, à qui l'on applique ce mafque.

Ces

Ces ouvertures, qui dans le commencement doivent être fort petites, obligent les enfans à se tourner directement vers les objets qu'ils veulent regarder, pour recevoir les rayons de lumiere qui portent leur image dans l'œil. Par ce moyen les muscles optiques se relachent & perdent peu à peu la situation tortueuse que l'habitude contraire leur avoit fait contracter. A mesure que l'on s'apperçoit de cet heureux changement, on agrandit les ouvertures jusqu'à ce qu'enfin cette précaution devenant inutile, & les enfans étant guéris, on cesse de leur faire porter le masque.

J'ai imaginé une autre espece de demi masque, à l'occasion d'une jeune Demoiselle de Province qui me fut adressée, & qui louchoit trop considérablement pour espérer de la guérir par le masque ordinaire. Je fis dépolir deux morceaux de glace de la mesure du grand diametre de ses yeux; le centre de ces verres, de la grandeur d'une lentille, ayant été façonné des deux côtés sur un plan régulier, fut mis à la place des deux moules ou boutons du masque commun. Elle portoit cet Instrument pendant le jour, & ne l'ôtoit qu'en se couchant. Le succès répondit à mes espérances ; en six mois de tems les axes optiques se redresserent, & la Demoiselle fut parfaitement guérie.

Dans la composition de ce dernier masque, il est important de prendre exactement la mesure du grand diametre des deux yeux, & de l'espace compris entre l'un & l'autre, afin d'appliquer le centre des verres vis-à-vis de la prunelle, autrement l'on fortifieroit la cause du mal au lieu de l'affoiblir. A l'égard du masque ordinaire, il deviendroit pareillement inutile, ou même préjudiciable aux enfans qui s'en serviroient, si les personnes qui les soignent, n'apportoient une attention particuliere à empêcher que ces enfans ne dérangent la position droite de ce masque.

Une autre Demoiselle âgée de 7 à 8

ans, louchoit également des deux yeux depuis l'âge de trois ans. Je conseillai à sa Gouvernante de ne point la laisser jouer à d'autre jeu qu'à celui du volant; comme cet exercice se trouva du goût de la jeune personne, l'application qu'elle y donna reforma en six mois de tems l'obliquité des axes optiques : on en voit la raison ; ces deux axes s'accoûtumerent à suivre la même direction pour se fixer sur le volant.

Il y a des gens qui pensent que le miroir suffit pour redresser la vûe des enfans. On leur présente tous les matins lorsqu'ils s'éveillent; & on les oblige, en les amusant, de s'y regarder pendant une heure au moins. Si le vice n'est point invétéré, on peut essayer ce moyen, qui n'est pas si efficace que les précédens. Mais au lieu d'un miroir de glace, je voudrois qu'on se servît d'un miroir de métal. En voici la raison.

La glace la plus parfaite ayant quelque épaisseur, & par conséquent deux furfaces refléchiffantes, caufe toujours quelque altération dans la repréfenta-tion des objets. Mais le miroir de mé-tal pur & fin, étant bien régulier pour le plan, & exactement poli, ne réfléchit les rayons que par fa furface extérieure; d'où il fuit qu'il peint les objets mieux dans le vrai, & qu'il eft par conféquent plus propre à reformer la vûe. J'avoue qu'il donne plus de fujétion que la gla-ce, & qu'il faut le repolir de tems en tems, parce que l'haleine & l'attouche-ment des enfans le terniffent, & lui font perdre aifément fon luftre. On affure que ce miroir de métal a guéri plufieurs enfans de l'habitude de loucher. Nous ne diffimulerons pas néanmoins que fi le mal eft à un certain point, ou fi des accidens étrangers y ont donné lieu, comme la paralyfie, ou les douleurs de dents fuivies de convulfions, &c. alors les fecrets de l'Optique, & les foins des Artiftes, ne font pas capa-bles d'y remédier. Il arrive quelque-fois au contraire, que des enfans fur

qui les remédes n'ont produit aucun effet, guériffent avec le tems.

De la duplicité dans la vûe des objets.

Quelques perfonnes s'imaginent que
les louches voyent les objets doubles ;
c'eft une erreur : mais il eft certain qu'ils
voyent fouvent deux objets à la fois,
parce que les axes de leur vûe fe dirigent de deux côtés différens , & quelquefois oppofés.

L'yvreffe ne caufe pas non plus de
duplicité dans la vûe des objets ; elle
peut feulement occafionner des mouvemens irréguliers dans les mufcles optiques, qui font vaciller les axes vifuels,
& les empêche de fe fixer fur la même
partie de l'objet : de-là vient qu'un homme pris de vin , croit voir les objets
doubles ; mais s'il ferme un œil l'illufion
ceffera.

CHAPITRE SIXIEME.

Des Verres de couleur.

NOus n'avons parlé ailleurs des verres colorés que par occasion ; il est
bon d'en traiter plus spécialement ici.

Quelques Oculistes en conseillent
l'usage à leurs malades, fondés apparemment sur cette raison, que les vûes
déja affoiblies sont blessées par la trop
grande vivacité de la lumiere que transf-
mettent les verres blancs, au lieu que
les verres colorés étant moins transf-
parens interceptent une partie des
rayons.

De-là il faut conclure, que si l'on ne
ressent point cette foiblesse, on ne
doit pas se servir des verres de couleur,
parce qu'ils font aisément contracter
l'habitude de voir les objets différens
de ce qu'ils font, & d'une autre maniere qu'on ne les voit ordinairement ;

enforte que si l'on vient ensuite à les quitter pour prendre des verres blancs, on a de la peine à s'accoûtumer à ceux-ci, par l'opinion dont on étoit prévenu en faveur des premiers. Cette obfervation s'adreffe particulierement à ceux qui par état font intéreffés à écarter de la furface des objets, tout ce qui peut en altérer le coloris, ou y caufer quelque illufion.

Mais si l'on est obligé de fe fervir de verres colorés, on doit remarquer que l'expérience nous a appris, qu'il n'y a que trois couleurs favorables & avantageufes à la vûe; fçavoir, le verd céladon, ou autre qui ne foit pas haut en couleur; le bleu clair; & quelquefois le jaune, par rapport à certaines perfonnes. Ces verres feront d'autant plus utiles, que la matiere en fera plus pure, la teinte plus légère, & le travail plus parfait. Sans ces qualités les verres de couleur font moins eftimables que les verres ordinaires, parce que le brun de leur teinte joint aux défauts de la matiere, forme un double nuage qui nous dérobe une grande partie des rayons lumineux, & qui en altère quelquefois les réfractions, jufqu'au point de forcer les organes à prendre des formes vicieufes, pour fe rendre les objets fenfibles.

On doit donc profcrire fans exception tant de mauvais verres, que l'on débite fans difcernement à Paris & dans les Provinces, tels que font les verres de couleur verd de pré, verd de mer, gros bleu, jaune foncé, violet, pourpre, rofe, &c. La matiere en eft ordinairement remplie de défaut, qui nous empêchent de les travailler avec exactitude, & de les pouffer au point de perfeƈtion néceffaire, pour qu'ils foient de quelque utilité.

De la vûe baffe.

Il ne faut pas confondre les vûes baffes avec les vûes courtes, quoique l'organe des unes & des autres ait beaucoup de reffemblance à l'extérieur. En effet les vûes baffes ont ordinairement les yeux à fleur de tête; mais il est aisé de les reconnoître à l'essai des Lunettes: la plûpart ne tirent aucun secours des verres concaves, qui conviennent aux vûes courtes; il leur faut des verres convexes comme aux vûes longues, mais proportionnées à leur foiblesse, qui est leur caractère distinctif: c'est pourquoi j'ai jugé à propos d'en traiter à part, de crainte que quelques Artistes, trompés par l'apparence, ne persuadent à ces sortes de vûes l'usage des verres concaves, qui leur seroit très-préjudiciable, sur-tout lorsqu'ils s'en serviroient pour observer des objets peu éloignés; par exemple, à 6, 7, ou 8 pouces de distance.

Je ne dissimulerai pas néanmoins, que l'on rencontre quelquefois certaines personnes qui peuvent passer pour avoir la vûe basse, c'est-à-dire, foible, à qui les verres concaves d'un long foyer, comme de 4, 5 à 6 pieds sont plus avantageux, ce qui provient sans doute de la différente configuration du

criftallin:mais le plus grand nombre s'ac-
commode mieux des verres convexes.

*Maniere de fe fervir des Lunettes d'appro-
che , & des verres à la main.*

La plûpart de ceux qui fe fervent de
Lunettes d'approche à plufieurs verres , ont coûtume de fermer un œil,
tandis que l'autre eft occupé à confidérer les objets à l'aide de la Lunette.
Mais il en eft d'autres qui ne prennent
pas tant de peine, & qui tiennent les
deux yeux ouverts, quoiqu'il n'y en ait
qu'un en action. Ce n'eft pas que l'œil
qui eft hors de la Lunette ne reçoive
alors l'impreffion des objets qui fe préfente à lui; mais cette impreffion eft
extrémement foible , parce que l'attention de l'ame fe porte prefque toute entiere à la confidération des objets qui
font vûs au travers de la Lunette.

Il n'y a rien là qui doive nous fur-
prendre , fi l'on fait réflexion qu'il y a
une grande différence entre voir & regarder; en marchant, il arrive fouvent

qu'on n'eſt point affecté par les divers objets que l'on rencontre, parce que l'on prend ſeulement garde au chemin par où l'on va ; quelquefois notre eſprit, profondement occupé de quelques penſées, n'eſt point frappé par ce qui ſe préſente à ſes yeux ; en ſorte qu'on peut dire en ces circonſtances, qu'en voyant on ne voit pas. Il en eſt de même à l'égard de ceux qui ont un œil ouvert hors de la Lunette d'approche : d'ailleurs comme les objets paroiſſent plus voiſins au travers de cet Inſtrument, à cauſe que les rayons briſés par les verres convexes, forment de plus grands angles dans l'œil ; cet organe reçoit alors des mouvemens, & une figure convenable, à la perception des objets vûs de près ; au lieu que l'autre œil, qui n'eſt point dans la Lunette, voit les mêmes objets comme éloignés, tels qu'ils ſont réellement : les rayons de ces objets formant de plus petits angles, font par conſéquent ſur l'organe une moindre impreſſion.

Si l'on me demande à quoi tendent ce raisonnement & ces explications, le voici. Il est important de s'accoûtumer à tenir les deux yeux ouverts en se servant de la Lunette d'approche ; car outre l'incommodité qu'il y a d'employer une main pour clore l'un ou l'autre, il est des professions où l'on a besoin d'une main pour opérer, tandis que l'autre s'occupe à tenir la Lunette. Je puis citer entre autres la profession que j'exerce, dans laquelle l'Artiste ne sçauroit ajuster les verres d'une Lunette d'approche à leur véritable point, sans se servir en même tems de l'œil & de la main.

Si l'on objecte que l'on peut clore un œil sans y mettre la main, je réponds en premier lieu, que tout le monde n'y trouve la même facilité ; quelques personnes mêmes n'en sçauroient venir à bout. Secondement, ce clignement a toujours quelque chose de contraint, qu'il est bon d'éviter. Or l'habitude de tenir les deux yeux ouverts en se servant de la Lunette d'approche est très-aisée à contracter, & ceux qui voudront s'y assujétir en reconnoîtront bientôt l'avantage.

Ce que nous avons dit de la Lunette d'approche doit s'appliquer aux Lanscetiers ou verres à la main, dont les vûes longues & courtes font usage pour lire ou pour écrire. On peut acquérir l'habitude dont je parle successivement & par degrés : il faut commencer à s'y exercer la nuit avec une ou plusieurs bougies, que l'on approche de l'objet vû au travers du verre. Cet exercice souvent répété, nous conduit au point d'appliquer, même en plein jour, notre vûe à un objet déterminé par la Lunette, sans faire attention aux divers objets qui sont placés devant l'œil qui est hors de la Lunette.

On me reprochera peut-être d'être entré dans un trop grand détail, par rapport à la diversité des vûes longues ou courtes, & d'avoir souvent usé de répétitions. Mais j'ai cru qu'il valloit mieux m'exposer à la censure des perfonnes habiles, à qui rien n'échappe, que de manquer le but que je me fuis propofé , qui n'eft autre que l'utilité commune, & l'inftruction des Artiftes, dont plufieurs ignorent les principes de leur Art, (malheureufement pour le public : le nombre des Opticiens eft bien inférieur à celui des Marchands de Lunettes.) Ceux-ci feront convaincus que j'ai réellement travaillé pour eux, en dévoilant tous les petits fecrets que l'expérience m'a appris, & que je ne prétends point être le feul qui mérite la confiance du public. Mais fi quelques-uns d'entre eux jugent mal de mes intentions, ou blâment ma conduite, ils me juftifieront eux-mêmes dans l'efprit des gens cenfés, lorfqu'ils fe verront obligés de faire ufage des principes répandus dans cet Ecrit, pour partager le fervice exact du public, auquel une perfonne feule ne peut fuffire,

CHAPITRE SEPTIEME.

Premier moyen pour la conservation de la vûe.

LEs rayons de la lumiere bleſſent les yeux lorſqu'ils les frappent directement : pour voir, il n'eſt pas néceſſaire que l'organe ſoit ébranlé par cette lumiere directe ; il ſuffit que l'objet ſoit éclairé, & que les rayons qu'il réfléchit parviennent ſur la rétine. Il ſuit de ces principes, que le premier & le principal moyen de conſerver la vûe, eſt d'éviter, autant qu'il eſt poſſible, de ſe mettre vis-à-vis le jour, ou la lumiere, ſur-tout lorſqu'on travaille à des ouvrages qui demandent une certaine application. Il faut ſe placer de façon qu'on reçoive le jour de côté lorſqu'on veut lire, écrire, &c.

J'ajouterai que l'oppoſition directe d'une fenêtre vitrée eſt encore plus préjudiciable à la vûe. Ces vitres étant de verre commun, ne font pas parfaitement planes ; elles ont des furfaces plus ou moins convexes, qui brifent fort irrégulierement les rayons lumineux, & qui peuvent occafionner des mouvemens nuifibles aux yeux les mieux difpofés. Il feroit donc à propos que ces fenêtres fuſſent garnies de carreaux de glace polie. Ceux qui ne font pas en état d'en faire la dépenfe, peuvent ufer de chaffis de papier huilé, qui ont encore cet avantage, que les réflexions de la lumiere font bien plus douces en paffant par ce milieu, que par tout autre. Je confeille ces fortes de chaffis à ceux, qui par la difpofition de leur logement, ne peuvent fe difpenfer de travailler vis-à-vis de leurs fenêtre, & en face du jour.

Second moyen.

Nous venons de dire que les rayons directs de la lumiere endommagent les yeux. On en fent la raifon ; c'eſt qu'ils

ont

ont alors une force, une vivacité peu proportionnée à la délicatesse de cet organe. La même chose arrive, lorsque la lumiere reçûe même obliquement entre dans l'œil en trop grande quantité.

De-là il faut conclure, que rien n'est plus contraire à la conservation de la vûe, que de travailler au Soleil. La prunelle se contracte extrémement pour exclure cette abondance excessive de lumiere capable de déchirer les fibres & le tiffu de l'œil.

Par la raison oppofée, on se gâte la vûe en travaillant au clair de la Lune. Sa lumiere blanchâtre est affez éclatante, parce qu'elle ne souffre qu'une seule réflexion. Mais comme cette réflexion est foible, à cause du grand éloignement où nous sommes de cette Planette, lorsqu'on veut se servir de cette lumiere, la prunelle se dilate prodigieusement, pour donner paffage à la quantité de rayons néceffaires, les muscles se roidiffent, &c. & après avoir répété

V

quelquefois ce pernicieux exercice,
on s'apperçoit que la vûe baiſſe & ſe dé-
grade.

Cet avis s'adreſſe particulierement
à certaines perſonnes, qui voulant faire parade de l'excellence de leur vûe,
la mettent à ces dangereuſes épreuves,
dont ils ne prévoyent pas les conſé-
quences.

Troiſiéme moyen.

Ceux qui ſont obligés de courir la
poſte, ou d'aller ſouvent à la campagne, ne peuvent rien faire de mieux
pour conſerver leur vûe, que de ſe ſervir d'un demi maſque à deux verres,
qui garantira les yeux du froid, du vent
& de la pouſſiere, & qui les empêchera
en même tems de recevoir les rayons
vagues de lumiere, qui tantôt plus
vifs, tantôt plus foibles, obligent la
prunelle à ſe dilater ou à ſe retrecir à
chaque inſtant, ſans ordre ni meſure;
ſans parler du criſtallin, qui de ſon
côté eſt contraint de prendre diverſes

formes pour s'accommoder aux différentes influences de l'air.

Les verres de ces demi masques doivent être placés sur la même ligne, vis-à-vis des yeux, & composé d'une glace exemte de fils de verre, la plus pure & la plus mince que l'on pourra trouver. Il faut aussi qu'ils n'ayent aucune courbure, mais qu'ils soient parfaitement plans de part & d'autre, & d'une égale épaisseur dans tous les points de leur circonférence. On montera ces verres dans des châsses de corne ou d'écaille de forme ovale, dont le grand diametre excédera d'un tiers le diametre de l'œil. Cette précaution est nécessaire pour empêcher que la vûe ne soit pas plus bornée que si l'on n'avoit point de masque.

Quatriéme moyen.
Avantage du garde-vûe.

Lorsque l'on a besoin de lire ou d'écrire le soir à la lumiere, il faut avoir soin de mettre à côté, & non devant foi, la chandelle ou bougie dont on se fert.

Mais pour parer encore plus fûrement aux inconvéniens que produifent les rayons directs, il eft très-avantageux de faire alors ufage du garde-vûe.

On appelle de ce nom une efpece de bordure quarrée, compofée de fil de fer, & garnie de taffetas verd. On fait auffi des gardes-vûes de forme circulaire, ou en éventail ; on les infere dans une pince qui embraffe la bougie, & qui peut être élevée ou abaiffée à volonté, felon la hauteur où la lumiere eft placée.

Les gardes-vûes interceptent une partie des rayons dont la trop grande abondance pourroit bleffer l'organe, & par ce moyen l'œil ne reçoit d'autre impreffion que celle qui eft produite par la lumiere que les objets réfléchiffent, laquelle fuffit pour nous les rendre fenfibles. Comme il faut moins de lumiere aux vûes courtes qu'aux vûes longues, l'Inftrument que je propofe fera plus utile aux premieres qu'aux secondes, ce qui n'empêche pas que celles-ci mêmes ne puissent s'en servir très - avantageusement, en se tenant dans la distance convenable de l'objet. C'est de quoi l'on peut aisément se convaincre, en mettant la main devant les yeux lorsqu'on travaille au grand jour.

Il est une autre espece de garde-vûe fait en forme d'entonnoir, dont la surface intérieure est argentée : on l'appelle Chandelier d'Etude. Le but de ceux qui ont imaginé cet Instrument, a sans doute été de multiplier les réflexions de la lumiere ; mais ils n'ont pas fait attention, que cette abondance pouvoit être nuisible, comme elle l'est effectivement , sur-tout à l'égard des vûes courtes. Ainsi loin de se servir d'un entonnoir argenté , on fera beaucoup mieux d'en avoir un qui soit noirci en dedans.

Je conseillerois même aux personnes qui sont obligées de beaucoup lire ou écrire , de se servir d'une espece d'abat-jour ou carton plié en cercle, en

guife de demi bonnet, doublé de papier ou de taffetas noir, qu'il faudroit
mettre fûr le front, & fixer fous le chapeau, de façon que les yeux en fuffent
couverts. Ce meuble eft très-propre à
conferver la vûe, en fe garantiffant des
rayons collatéraux, qui font inutiles,
lorfqu'on travaille dans le cabinet.

Deux préfervatif contre l'ufage des Lunettes.
Premier préfervatif.

Prenez le foir en vous couchant un
peu d'eau-de-vie, la plus pure & la plus
forte que vous pourrez trouver, que vous
mettrez dans le creux de la main, &
dont vous baffinerez les fourcils, les
paupieres fupérieures, les tempes, &
la fontaine de la tête ; cette eau-de-vie
confommée, mettez-en de la nouvelle
en affez grande quantité pour humecter
la paume de vos deux mains, que vous
appliquerez enfuite fur vos deux yeux
exactement fermés, jufqu'à ce que cette
eau-de-vie foit entierement évaporée.

On prétend qu'après cette opération on doit sentir une chaleur douce & pénétrante, qui fortifie les nerfs & les ligamens de l'œil au point de rétablir leur souplesse, & leur donner la facilité nécessaire pour s'allonger ou se raccourcir, selon l'exigence des objets que l'on veut voir.

Cet exercice doit être répété le matin en se levant ; & l'on peut, dit-on, y avoir recours dès que l'on sent quelques-unes des foiblesses qui indiquent ordinairement le besoin des Conserves ou Lunettes.

On assûre que ce reméde a été pratiqué avec succès par plusieurs personnes ; & c'est ce qui m'a engagé à le communiquer au public, quoiqu'à dire vrai, je n'y ajoûte pas beaucoup de foi. Voici les raisons sur lesquelles mon doute est fondé.

1°.   J'ai de la peine à croire que de simples frictions soient capables de rendre au cristallin sa convexité, lorsque l'âge ou les maladies l'auront altérée.

2°. Nos yeux font compofés d'humeurs, qui pour être utiles à la vûe,
doivent être fort tranfparentes. Or il me
paroît que rien n'eft plus propre à diminuer cette tranfparence, que les liqueurs
chaudes & remplies de fels, telles que
l'eau-de-vie. Qu'on prenne le criftallin
d'un œil de Veau, & qu'on le mette
dans l'eau-de-vie, ou même dans l'eau
fimple, mais tiéde, auffi-tôt fa tranfparence difparoît. A l'égard des fels, on
conçoit qu'en pénétrant le tiffu des
corps, ils en bouchent les pores, &
s'oppofent par conféquent au paffage de
la lumiere. Ajoûtons qu'il eft encore
moins aifé de comprendre comment
l'eau-de-vie peut donner de la foupleffe
aux nerfs & aux ligamens de l'œil; car
les liqueurs fpiritueufes deffechent plûtôt qu'elles n'amolliffent les corps qui
en font frottés.

De ce raifonnement, que je foumets
aux lumieres des Lecteurs intelligens,
je crois être en droit de conclure, qu'en
général tout ce qui échauffe eft contraire

à la vûe. L'expérience nous apprend que rien n'eſt plus préjudiciable à cet organe, que de regarder le feu long-tems & fixement. Auſſi voyons-nous que les petits Chiens des Dames, qui ſont preſque toujours couchés auprès du foyer, deviennent ordinairement aveugles. Les Boulangers, les Paticiers, les Ouvriers qui travaillent dans les Verreries, &c. reſſentent pareillement dans l'organe de la vûe les atteintes d'une chaleur trop continue, qui deſſeche la cornée & le criſtallin, & abſorbe la lymphe de l'humeur aqueuſe, dont ces parties doivent être abreuvées, pour conſerver leur tranſparence & leur poli. Ainſi il vaut mieux ſe laver les yeux avec de l'eau fraîche qu'avec toute autre liqueur.

Second préſervatif.

Malgré ce qui a été dit dans le Chapitre précédent, on ſe ſervira peut-être avantageuſement du reméde contre l'af-foibliſſement de la vûe, qui m'a été communiqué par le célèbre Mr. Gendron, Médecin Oculiste : faites infuser trois prifes de thé, & après avoir féparé l'eau qui a fervi à l'infufion, expofez vos yeux à la fumée du marc, dont vous empêcherez la diffipation en vous couvrant la tête d'une ferviette.

On affûre que cette vapeur peut refoudre les humeurs vicieufes dont le féjour altère l'organe de la vûe, & difpenfe par conféquent de recourir aux Lunettes. Cependant fi le thé infufé ne produit pas l'effet qu'on en attendoit, on confeille de lui fubftituer la quantité de trois prifes de caffé, que l'on dit être bien plus efficace pour fortifier la vûe. Mais au cas que ces remédes foient inutiles, on fera toujours à tems de chercher du foulagement dans l'ufage des Lunettes ou Conferves.

Inconvéniens de l'ufage du Bocal.

On appelle Bocal une efpece de bouteille ronde de criftal ou de verre blanc, remplie d'eau, dont fe fervent pluſieurs Artiſtes, tels que les Metteurs en œuvre, les Lapidaires, les Graveurs, &c. pour ſe rendre plus ſenſibles les objets de leur travail.

Il eſt vrai que le Bocal groſſit extrémement les objets, parce qu'il raſſemble une grande quantité de rayons, & qu'il les tranſmet avec beaucoup de vivacité. Mais ce qui paroît d'abord un avantage, n'eſt au fond, pour peu qu'on y réfléchiſſe, qu'un inconvénient très-conſidérable par rapport au plus grand nombre.

On a pû ſe convaincre par les preuves que nous en avons apportées dans le cours de ce Traité, qu'il n'y a rien de plus préjudiciable à la vûe, que les verres qui ne ſont pas proportionnés au point de chacun. Or comme le Bocal n'a qu'une ſeule & même maniere de réunir les rayons, il n'eſt pas poſſible qu'il convienne à tout le monde; il eſt même évident qu'en groſſiſſant déméſurément les objets, il eſt très-propre à faire promtement baiſſer la vûe de ceux qui s'en servent, & qui ne sont pas instruits du danger auquel ils s'exposent.

Je n'avance rien ici qui ne soit confirmé par l'expérience ; ceux qui ont fait pendant quelque tems usage du Bocal, sont obligés de prendre, non pas des Conserves, mais des Lunettes très-fortes. Je puis en citer un exemple remarquable ; c'est celui d'un Artiste âgé de 28 ans, à qui j'ai été obligé de donner une Lunette de 8 pouces de foyer, qui ne convient ordinairement qu'aux personnes de 70 ou 80 ans ; en-deçà des 8 pouces, l'art ne fournit que 4 à 5 degrés de foyer, plus courts & supérieurs en force. Quelle sera donc la ressource de ce jeune-homme lorsqu'il avancera en âge, & que sa vûe aura éprouvé l'altération journaliere à laquelle nous sommes tous sujets? Je crois que ces raisons sont suffisantes pour engager les Ouvriers à proscrire l'usage du Bocal, & à lui préférer les Lunettes dans le cas de nécessité.

*Avis pour empêcher que la vûe des enfans
ne baiſſe ou ne devienne courte.*

Ceux qui réfléchiſſent ſçavent que tout ce qui intéreſſe les enfans, entre néceſſairement dans le plan de l'utilité commune ; parce que deſtinés à nous ſuccéder, ils doivent un jour former eux ſeuls ce que nous appellons le public. C'eſt ce qui m'engage à placer ici quelques Obſervations relatives à mon ſujet.

Lorſque les enfans apprennent à lire ou à écrire, la plûpart d'entre eux contractent la mauvaiſe habitude de regarder leurs lettres de très-près ; ils s'imaginent que par-là ils réuſſiront mieux à ce qu'ils font. Or quand on ne fait pas valoir ſa vûe dans le degré d'étendue dont elle eſt ſuſceptible, c'eſt une néceſſité qu'elle baiſſe inſenſiblement, à cauſe du relachement des fibres & des muſcles qui eſt la ſuite de cette habitude.

Il eſt donc très-important que ceux qui ſont prépoſés à l'éducation de la jeuneſſe, ſoient attentifs à ce que les enfans tiennent leur livre & leur écrit dans la diſtance convenable à leur point de vûe. C'eſt quelquefois la crainte d'être ſévérem.nt repris qui les réduit à cette poſture génante, perſuadés que l'on étudie avec plus de ſuccès de près que de loin. Un peu plus de douceur de la part des Maîtres pourroit diminuer ces inquiétudes, & le mauvais effet qu'elles produiſent, les larmes en feroient auſſi moins fréquentes, ce qui eſt encore une raiſon d'un grand poids; car on ſçait que les pleurs exceſſives deſſechent le cerveau, & enflamment les parties de l'œil.

J'eſpere que les Maîtres cenſés prendront ces avis de bonne part; leurs Inſtructions, quelques excellentes qu'on les ſuppoſe, ne ſçauroient compenſer le dépériſſement d'un ſens auſſi utile que la vûe. Au reſte l'attention qu'on peut exiger d'eux en ce genre n'eſt pas bien pénible. Il ne s'agit d'abord que de diſtinguer parmi les enfans qui ſont confiés à leurs foins, ceux qui ont la vûe plus foible de ceux qui l'ont plus forte. Les premiers doivent être plus ménagés, & traités avec plus d'indulgence.

Il fera aifé de connoître le point de vûe d'un commençant, en remarquant la diftance qu'il prend pour regarder fon livre dès la premiere leçon ; car alors la crainte n'a pas encore fait d'impreffion fur lui ; l'amour de la nouveauté, ou la curiofité, eft pour lui un puiffant attrait, qui écarte ordinairement la géne de fes premiers exercices.

Si le fujet paroît fi timide qu'on ait lieu de foupçonner le contraire, il faut ufer d'adreffe, & l'épier dans quelque moment de bonne humeur, ou de récréation, pour fçavoir précifément à quoi s'en tenir. Le point de vûe de l'enfant étant une fois connu, il faut l'obliger à n'en pas fortir, lorfqu'il lit, ou lorfqu'il écrit. Mais il eft bon de remarquer que les enfans y regardent ordinairement de plus près lorfqu'il s'agit

d'écrire, à caufe de la double application de la main & de l'œil que demande
cet exercice. C'eft pourquoi les Maîtres redoubleront alors de vigilance.

CHAPITRE HUITIEME.

*Précis des réflexions les plus impor-
tantes fur l'ufage des Lunettes,
& de la gradation qu'il y faut
obferver.*

COmme la longueur de cette Inftruction fur les Lunettes pourroit détourner quelques perfonnes de la lire en
entier, j'ai cru qu'il étoit à propos de
terminer ce Traité par un précis des
points les plus importans, pour la confervation de la vûe, en faveur de ceux
qui font obligés de fe fervir de Lunettes.

L'article effentiel en cette matiere
confifte à bien connoître fon point de
vûe, & à fe choifir des Conferves ou
Lunettes

Lunettes qui lui ſoient exactement proportionnées : & afin que perſonne ne
puiſſe s'y tromper, on remarquera,
1°. Que les premieres Conſerves à
l'uſage des vûes longues, doivent être
telles qu'elles ne groſſiſſent preſque pas
l'objet. Quant aux vûes courtes, comme elles ne peuvent être ſoulagées que
par des verres concaves, qui diminuent
l'apparence des objets, leurs premieres
Conſerves ne ſçauroient l'augmenter,
mais elles doivent le diminuer très-peu.
Ici la clarté & la diſtinction que la Lunette produit dans la vûe des objets,
compenſe avec uſure la diminution du
diametre, & par-là ſoulage réellement
les vûes courtes.

2°. A meſure que l'âge ou les maladies affoibliſſent notre vûe, on a
recours à des verres plus concaves, ou
plus convexes ; mais il faut être attentifs à ne pas excéder le degré qui nous
eſt néceſſaire. On peut aiſément connoître qu'une Lunette eſt trop forte relativement à notre diſpoſition actuelle,

X

lorſque les yeux ſouffrent ou reſſentent quelque douleur en s'en ſervant, ou bien lorſqu'on eſt obligé de rapprocher exceſſivement l'objet.

Ceux qui auront ſoin de ſuivre régulierement la gradation des divers foyers que l'art peut fournir, conſerveront toujours la faculté de voir les objets à la diſtance naturelle. On ne craint pas de dire que toutes les Lunettes qui nous écartent de cette diſtance, ſont irrégulieres, ſoit abſolument par le défaut de la matiere & de la façon, ſoit relativement & par rapport à notre point de vûe.

Suppoſons donc ce qui arrive en effet le plus ordinairement, que quelqu'un qui commence à avoir beſoin de Conſerves, en prenne une de ſix pieds de foyer, comme la plus conforme à ſon point de vûe, & en même tems la plus jeune, c'eſt-à-dire, la moins forte que l'on puiſſe donner : cette premiere Conſerve lui ſuffira pendant pluſieurs années, après leſquelles, s'il s'apperçoit que fa vûe n'en eſt pas aſſez ſoulagée, & que ſes yeux font effort pour s'en aider, il aura recours aux Lunettes de 5, de 4, ou même de 3 pieds de foyer. C'eſt ſur-tout à la lumiere dont on ſe ſert pendant la nuit, qu'on remarque plus ſûrement l'inſuffiſance des premieres Lunettes. Souvent même il arrive que celles qui font bonnes le jour, ne ſuffiſent pas à la lueur des bougies ou des chandelles, dont la lumiere eſt bien inférieure à cel-le du Soleil. En ce cas il n'y a pas de difficulté à ſe ſervir de deux foyers différens; l'un pour le jour, & l'autre pour la nuit. Si l'affoibliſſement de l'or-gane nous contraint à changer de foyer, il faudra remplacer la Lunette de jour par celle de la nuit, & ſubſtituer un foyer plus actif à cette derniere. Par exemple, ſi l'on ſe ſert d'un verre de 3 pieds de foyer pour le jour, & de 30 pouces pour le ſoir, lorſque ces Lunet-tes deviendront inſuffiſantes, il ſera bon de prendre pour le jour des verres de 30 ou même 24 pouces, & pour le ſoir 22 ou 20 pouces, &c.   X ij

Mais il faut prendre garde de ne pas précipiter ces différens degrés, de peur d'abforber trop promptement les ref-fources de l'art, & d'en venir au point de ne plus trouver de Lunettes affez fortes dans un âge avancé, tems auquel la plus grande confolation qui nous refte, confifte à pouvoir encore lire & écrire avec le fecours des verres opti-ques.

Un autre moyen de retarder les pro-grès du dépériffement de la vûe, c'eft de ne jamais faire ufage de Lunettes communes, & achettées au hazard, mais feulement de celles qui font fa-çonnées également des deux côtés avec toute la régularité poffible.

Lorfque le foyer de 20 pouces ne fera plus affez fort pour le foir, il faudra prendre celui de 18, & referver celui de 20 pour le jour, & fucceffivement le foyer de 18 pouces pour le jour, avec celui de 16 pour le foir; enfuite 16 pouces pour le jour, & 14 pour le foir: enfin 14 pouces pour le jour, & 12 pour la nuit. Ce dernier degré eſt celui où l'on reſte plus longtems ; de cent perſonnes auxquelles ce point de vûe eſt avantageux, il y en a au moins quatre-vingts qui continuent à s'en accommoder pendant 10, 15 à 20 ans.

Achevons notre gradation. Après les verres dont je viens de parler, viennent ceux de 12 pouces pour le jour, & 10 pouces pour le ſoir. On reſte encore aſſez longtems à ce point, à la ſuite duquel il faut uſer de beaucoup de circonſpection. Du verre de 10 pouces de foyer pour le jour, on paſſe à celui de 9 pouces pour le ſoir.

Du 9 pour le jour, au 8 pour le ſoir ; du 8 pour le jour, au 7 pour le ſoir. Ce degré eſt celui auquel communément les perſonnes le plus avancées en âge ſe tiennent pour toujours. Cependant comme il ſe trouve des vûes extrémement foibles, on pourra les aider avec des Lunettes de 7 pouces pour le jour, & 6 pouces pour le ſoir ; 6 pouces pour le jour, & 5$\frac{1}{2}$ ou même 5 pouces pour le

foir : enfin 5 pouces pour le jour , &
4 $\frac{1}{2}$ ou même 4 pouces pour le foir.
Les vûes longues les plus foibles & les
plus baffes ne paffent jamais ce dernier
degré, ou du moins rarement.

L'art fournit des fecours plus abondans aux vûes courtes qui ufent de verres concaves : du foyer de 4 pouces, on
peut les faire paffer à celui de 3 pouces
& demi ; enfuite du 3 pouces $\frac{1}{2}$ au 3
pouces ; de-là au 2 pouces & demi, 2
pouces & 18 lignes, qui eft le dernier
foyer des vûes courtes. Il eft même rare d'en trouver qui puiffent s'en aider.

On voit par ce que nous venons d'expofer, que la gradation dans l'ufage des
divers foyers de Lunettes, fuit la progreffion des années relativement à l'affoibliffement de la vûe. Ainfi plus on
avance en âge, & plus les foyers des
verres deviennent courts. Si l'on ufe,
par exemple, à 30 ans d'une Conferve
de 6 pieds, on a befoin à 60 d'une Lunette d'un pied de foyer. C'eft pourquoi
les Lunettes du plus long foyer s'appel-

lent les plus jeunes , & celles du plus court, prennent le nom de plus vieilles. Ces dénominations leur font même attribuées dans les cas particuliers qui fortent de la loi ordinaire. Par exemple, il peut arriver , il arrive même fouvent, qu'un homme de 40 ans , à raifon de la foiblefse de fa vûe , a befoin d'une Lunette plus vieille , qu'une autre âgé de 70 ou 80 , & au contraire.

J'ai parlé au Chapitre 7ᵉ de cette feconde partie , d'une efpece d'abat-jour propre à conferver la vûe des gens d'étude. Ceux qui portent des Lunettes peuvent s'en fervir utilement pour écarter les rayons inutiles qui pârtent des objets environnans & étrangers à celui que l'on veut obferver ; & portent leurs images fur les bords antérieurs ou citérieurs de la Lunette ; ce qui inquiéte & caufe des diftractions lorfqu'on étudie. Je fuis perfuadé que les perfonnes qui font dans le cas ont fouvent éprouvé cet inconvénient. Ils peuvent faire l'effai de l'abat-jour que je propofe, à peu de frais.

X iv

Maniere de conserver le poli des verres.

Les meilleurs verres & les plus réguliers se ternissent aisément par l'usage ; l'attouchement, ou la transpiration du visage, leur ôte le poli, en introduisant dans les pores une espece de graisse, qui forme un voile, au travers duquel on ne voit plus les objets si commodément, ni si distinctement, & qui peut même préjudicier à la vûe par l'effort qu'elle occasionne.

Pour dissiper cette graisse, & rétablir la transparence des verres, prenez un peu d'esprit de vin qui ne soit pas éventé, ou même de bonne eau-de-vie, & lavez-en vos verres, que vous essuierez d'abord des deux côtés avec un linge bien propre ; & plus exactement ensuite avec un morceau de gand de castor, ou de peau blanche. Cette lessive rend les verres aussi brillans que s'ils sortoient des mains de l'Artiste. Les verres des Lunettes d'approche ont besoin d'être ainsi lavés de tems en tems, pour emporter la poussiere qui s'y attache, à l'aide de l'humidité répandue dans l'air, ou de la transpiration de ceux qui s'en servent.

CHAPITRE NEUVIEME.

Dissertation sur le retablissement de la vûe dans quelques personnes avancées en âge.

RIen de plus étonnant que le Phénomene dont il est ici question ; conformément à la disposition de nos corps, qui ne sont pas faits pour subsister toujours dans le même état, l'organe de la vûe s'affoiblit insensiblement avec l'âge. Or dans le tems que cette même cause, qui acquiert chaque jour de nouvelles forces, semble nous menacer d'une privation totale, il arrive quelquefois que la vûe des vieillards se rétablit, & reprend presque entierement sa premiere vigueur.

J'ai fervi plufieurs perfonnes très-âgées, qui après avoir fait un long ufage des Lunettes convenables à leur fituation, au lieu d'en prendre d'autres d'un foyer plus court, ont été obligées d'en prendre de plus jeunes, & font parvenues fucceffivement au point d'ufer des premieres Conferves, qui font celles de fix pieds de foyer, ou même de les abandonner abfolument, les forces de leur organe étant fuffifantes pour fe paffer de tout fecours étranger.

Ce retabliffement de la vûe n'eft pas toujours fucceffif; il y a des vieillards qui ceffent tout à coup d'avoir befoin de Lunettes; mais il ne joüiffent pas fi longtems de cet avantage fingulier. On peut comparer leurs yeux à ces lampes qui jettent un grand éclat au terme de leur entiere extinction.

Pour expliquer ce jeu de la nature, qui femble tenir du prodige, il faut d'abord fe rappeller la différence qui eft entre les vûes longues & les vûes courtes. Ces dernieres font telles, à caufe

de la trop grande convexité du criftallin, qui nous oblige à leur donner des
verres concaves pour corriger cet excès. Or il n'eft pas difficile de conce-
voir que l'âge venant à deffecher la
cornée, & à relacher les fibres, diminue la convexité de l'œil, & par conféquent le befoin des Lunettes, par rapport aux vûes courtes dont nous parlons,
tandis que les vûes longues fe raccour-
ciffant tous les jours, & par la raifon
contraire, font obligés de prendre
des Lunettes plus fortes qu'elles ne fai-
foient auparavant.

C'eft par le même principe qu'il faut
juger du redreffement de la vûe dans les
perfonnes louches. Les mufcles optiques n'ayant pas dans les vieillards la vigueur & la foupleffe qui fe trouvent dans
les organes des jeunes gens, ne peuvent plus obéir à la mauvaife habitude qui donnoit de l'obliquité aux axes
de vifion.

Cette explication eft confirmée par
l'expérience, qui nous démontre que les

vûes courtes & louches éprouvent plus communément la restitution dont il s'a-git. Il n'en est pas de même des vûes longues ; le phénomene du retablisse-ment est assez rare à leur égard, ou du moins il l'est bien davantage qu'à l'é-gard des vûes courtes.

Il faut conclure de-là, qu'il n'est pas aisé de découvrir la cause qui rend aux vûes longues leur premiere activité. Je ne craindrai pas néanmoins de dire ce que j'en pense, en attendant que quel-que habile Physicien nous donne sur ce sujet des lumieres plus vives & plus abondantes.

C'est ordinairement dans l'âge viril que les vûes longues commencent à s'affoiblir ; cette altération peut être at-tribuée à la chaleur du tempéramment qui est alors dans toute sa force, & qui desseche peu à peu la lymphe dont les membranes & les humeurs de l'œil font abreuvées. Les fibres & les autres res-sorts de cet organe ainsi desséchés, & privés de la liqueur active, qui en facilitoit le jeu & le mouvement, perdent insensiblement leur élasticité, d'où s'ensuit, ou l'applatissement du cristallin, ou le relachement du tissu de la rétine, ou même l'un & l'autre ensemble. L'applatissement du cristallin fait que les rayons de lumiere se réunissent moins promptement, & nous engage à recourir aux verres convexes. D'autre part le relachement du tissu de la rétine détruit le rapport exact d'une certaine distance qui doit se trouver entre cette membrane, sur laquelle se peint l'image des objets, & les humeurs de l'œil où se brisent les rayons lumineux, ce qui rend la vision confuse, & en dérange considérablement l'œconomie.

Cette chaleur funeste à la vûe cause plus de ravage dans les tempérammens bilieux, parce qu'ils sont les plus ardens : mais la vieillesse venant à succéder à l'âge viril, ce feu diminue de jour en jour ; les membranes & les muscles optiques s'imbibent de l'humeur qui y afflue deformais sans obstacle, & reprenant leur foupleffe , retabliffent la convexité du criftallin ; la même hu-meur en s'infinuant dans la rétine qui tapiffe le fond de l'œil, la gonfle & rac-courcit fes dimenfions ; dès lors l'or-gane ayant recouvré fon ancien état, la vifion s'exécute avec la même facilité que dans la jeuneffe.

Il eft vrai que cette admirable refti-tution n'eft pas d'une égale durée dans les différens fujets, & que dans ce re-nouvellement même la vifion, quoique peut-être auffi parfaite, ne s'exécute pas dans le degré de force & de confiftance dont on joüiffoit au premier âge : la rai-fon de cette différence fe tire du chan-gement que le tems apporte aux parties infenfibles de nos corps. Les organes s'ufent par leurs propres opérations, à caufe des frottemens continuels qu'elles leur font effuyer. Qu'on ne foit donc pas furpris que la vûe, quoique rétablie, d'un vieillard, ne foit pas capable des mê-mes efforts, qui lui paroiffoient un jeu dans un âge moins avancé. C'eft pourquoi ceux qui ont le bonheur d'éprouver l'heureux changement qui fait la matiere de ce Chapitre, doivent être extrémement attentifs à ménager cette nouvelle vûe, s'ils veulent conserver plus long-tems ce bienfait peu attendu, dont la nature les gratifie dans leur vieillesse.

CHAPITRE DIXIEME.

Difficultés d'Optique proposées aux Sçavans.

TOut ce que j'ai dit sur l'usage des Lunettes & des Conserves, ne me paroît pas suffisant pour resoudre quelques difficultés qui m'arrêtent quelquefois dans la pratique. Je vais les exposer naïvement, avec les réponses que je me suis faites à moi-même. Comme ces réponses ne me contentent point, j'espere que les Sçavans voudront bien m'aider de leurs lumieres, & me four-

nir en faveur de l'intérêt public des so-
lutions plus profondes & plus recher-
chées.

Premiere difficulté.

Une longue expérience m'a appris
que l'ufage des Lunettes eft avantageux
à la plus grande partie des hommes;
qu'il y en a cependant quelques-uns qui
n'en tirent aucun foulagement, & d'autres qui s'en trouvent incommodés.
Quelles font les caufes de cette exception?

Réponfe.

Il eft certain que les verres bien faits
facilitent la réunion des rayons de la
lumiere, s'ils font convexes, & les
rendent divergens, s'ils font concaves;
il doit donc paffer pour conftant, qu'en
général les premiers font utiles aux
vûes longues qui s'affoibliffent, & les
derniers aux vûes courtes.

Mais comme la foupleffe des organes n'eft pas égale dans tous les hommes,

mes, il arrive que plusieurs de ceux qui ont besoin de Lunettes s'en servent d'abord avec peine, & ne s'y accoûtument pas aisément ; jusques-là que quelques-uns les rejettent avec obstination, & aiment mieux s'exposer au dépérissement total de leur vûe, que d'emprunter un secours qui leur paroît trop génant.

Reste à sçavoir s'ils ont raison d'en user ainsi, & s'ils ne feroient pas mieux de vaincre leur répugnance. Je crois qu'il est bien peu de ces personnes dont les organes soient assez délicats pour être réellement blessées par l'usage des Lunettes bien faites.

A l'égard de ceux qui regardent les Lunettes comme inutiles, quoiqu'ils soient dans le cas de ceux qui paroissent en avoir besoin : ne peut-on pas dire que leur opinion est fondée, sur ce qu'ils n'ont point encore pû trouver de Lunettes assez proportionnées à leur point de vûe ? Sans doute que leur organe est tellement construit, que le moindre défaut dans cette proportion, anéantit à leur égard l'effet des verres optiques. Je pense,qu'ils ne doivent pas se rebuter, & qu'à force d'essayer différens verres, ils en trouveront enfin d'une courbure convenable à leur disposition. Voyez ce qui a été dit au Chapitre troisiéme de cette seconde partie, article des Lunettes biconvexes.

seconde difficulté.

Ceux qui ne se servent point de Lunettes, sont plus communement sujets à perdre enfin totalement la vûe, que ceux qui en font usage, dès qu'ils en sentent le besoin ; quelle en est la raison ?

Réponse.

Cette observation, qui est très-favorable au débit des Lunettes, nous prouve qu'elles soutiennent la vûe, & donnent aux fibres & aux muscles optiques un certain repos qui conserve plus long-tems leur ressort ; il en est peut-être comme du bâton sur lequel les vieillards s'appuyent en marchant. On voit qu'il n'est point ici question du secours actuel que la Lunette procure par la réunion plus ou moins prompte des rayons de lumiere ; mais qu'il s'agit du soulagement habituel que l'œil en reçoit.

Sur ce pied-là nous devons rendre à la Providence de grandes actions de graces, pour la découverte des Lunettes. Nos peres ont été privés de ce bienfait inestimable, qui, sans parler de l'avantage personnel que nous pouvons en retirer, nous met à portée de joüir plus longtems du fruit des études d'une infinité d'habiles gens.

Troisiéme difficulté.

J'ai remarqué plusieurs fois, avec un grand étonnement, que le même verre convexe ou concave d'un certain foyer, produit des effets différens sur des vûes longues ou courtes, dont l'état semble à tous egards exiger la même courbure ; ensorte que ce verre donne aux uns la

vûe de l'objet au point jufte de fon foyer;
aux autres elle la donne à une diftance
double , triple , ou quadruple , &c.

Par exemple , j'ai rencontré des vûes
longues qui me paroiffoient d'une force
égale , dont l'une néanmoins, avec un
verre de 12 pouces de foyer , voyoit
l'objet à la diftance de 12 pouces, tandis que l'autre le voyoit à 18 pouces.

J'ai éprouvé quelque chofe de plus
furprenant encore dans des vûes courtes, dont l'une , avec le même verre
d'un pied de foyer, voyoit à un pied de
diftance l'objet que l'autre voyoit à 12
pieds. 1°. D'où peut provenir cette différence ? 2°. Ne courre-t-on aucun rifque en faifant valoir tout le produit du
verre & dans toute fon étendue;ou faut-il
prendre un milieu dans le choix des verres,
& préférer celui qui étant d'un foyer plus
long , donneroit la vûe de l'objet à une
moindre diftance ? Je ne parle pas ici
de ceux qui ne pourroient point voir
l'objet à cette diftance moindre ; car il
eft évident qu'un verre de 6 pouces de

foyer, par exemple, qui feroit capable de porter la vûe de l'objet à cent pieds, feroit préférable, toutes chofes égales, à celui d'un foyer plus long. Je demande donc s'il ne faudroit pas ménager ceux qui voyent bien à une diftance moindre, en ne leur permettant pas de donner à leur vûe tout l'effor que les verres optiques peuvent faciliter.

Réponfe à la premiere queftion.

Les caufes naturelles n'ont qu'une même maniere d'agir fur des fujets parfaitement femblables ; par conféquent fi le même verre produit des effets différens fur certaines vûes, il faut de toute néceffité que ces vûes foient differemment difpofées.

Il eft vrai, & c'eft en quoi confifte la difficulté, que les indications extérieures font des preuves très-équivoques des difpofitions internes & infenfibles. Les premieres peuvent être femblables dans deux fujets, qui pour cela paroiffent exiger des verres d'un pareil foyer,

tandis que les dernieres font très-diffé-
rentes. L'examen de ces difpofitions
internes n'eft pas du reffort des Artiftes,
il appartient fans doute à la Phyfique,
ou à la Médécine. Il me fuffira donc
de remarquer ici, que deux perfonnes
peuvent à la fimple vûe voir un objet
diftinctement à la même diftance, comme de fix pieds ; mais que cet effet peut
provenir dans chacune d'une configuration différente dans l'organe ; l'un,
par exemple, aura le criftallin d'une certaine courbure, qui rend l'objet à la diftance fufdite ; l'autre aura le criftallin
d'une courbure plus ou moins grande ;
mais en recompenfe la rétine fera plus
ou moins diftante du criftallin. C'eft
ainfi que des caufes équivalentes, quoique diverfes, produifent un effet pareil.

Or fi je donne à ces deux perfonnes
des verres d'une égale courbure, on ne
fera pas furpris qu'ils produifent fur chacune des effets différens.

Réponse à la seconde question.

Maintenant pour décider s'il est à propos de permettre à l'organe tout l'essor que le verre de Lunette peut lui donner, je n'ai qu'un mot à dire ; sçavoir, qu'il faut s'en rapporter à l'expérience.

Si cet essor ne géne point la vûe, & s'il ne l'altére point, ce qu'on peut aisément connoître par l'usage, quoi de plus naturel que de profiter de cet avantage ?

Si l'on sent au contraire quelque altération dans la vûe, occasionnée par la trop grande étendue que lui donne un certain foyer, il faut en user ici comme ailleurs ; c'est-à-dire, se restraindre à un point mieux proportionné à la délicatesse des fibres.

En général, rien ne seroit plus utile en cette matiere, que de pouvoir connoître précisément le degré de force dont les fibres qui composent les muscles & les tuniques de l'œil sont susceptibles dans les perſonnes qui implorent le ſecours de notre Art, de même que la courbure de leur criſtallin, afin d'y proportionner les ſoulagemens que ce même Art nous fournit, & de ménager la vigueur naturelle des parties de l'organe. En attendant que les Sçavans approfondiſſent ce ſujet, qui me paroît digne de leur application, nous ſommes obligés de nous en tenir à une eſpece de tatonnement, guidé par les connoiſſances-pratiques que l'expérience nous fournit.

F I N.

DETAIL

DES MARCHANDISES

qui se vendent chez l'Auteur, au Miroir ardent, entre la Fontaine S. Bénoît & le College du Plessis, rue S. Jacques à Paris.

LEs personnes qui voudront bien m'honorer de leur confiance, trouveront chez moi tous les Ouvrages qui sont du ressort de l'Optique ; sçavoir, des Conserves & Lunettes de toutes sortes de foyers, travaillées des deux côtés, propres aux vûes longues, courtes, ou basses, en verre blanc & de couleur, les plus avantageuses pour la vûe. Des Gardes-vûes garnis de taffetas verd, pour lire le soir à la lumiere, & pour se garentir des réflexions trop fortes du grand jour. Des Verres pour les vûes qui ont souffert l'opération de la Cataracte. Des Monocles ou Lunettes à la main. Des Lunettes montées en écaille & en cuir apprêté, à reſſort d'or, d'argent, & d'acier, à la maniere d'Angleterre, très-propres & très-commodes. Des Lunettes à branches d'argent & d'acier, qui tiennent ſur les temples, & n'ôtent point la liberté de reſpirer. Des Portes-Lunettes d'argent & d'acier. Des Bezicles pour empêcher les enfans de tourner la vûe, & de devenir louches. Des demi-Maſques à deux verres pour aller en campagne, & défendre les yeux du froid, du vent, & de la pouſſiere, très-commodes pour ceux qui courent la poſte. Toutes ſortes de Verres propres à groſſir ou diminuer les objets, en les rendant plus ſenſibles; c'eſt-à-dire, en les faiſant appercevoir plus clairement & plus diſtinctement. Des Loupes pour déchiffrer des vieilles écritures, & qui peuvent encore ſervir de Microſcopes ou de Lunettes à la main, très-utiles aux Graveurs, Horlogers, Cizeleurs, & autres Ouvriers qui veulent pousser leurs ouvrages au dernier point de perfection, dont ils sont susceptibles. Bilouppes pour la Botanique. Des Verres à facettes qui multiplient les objets, propres aux Graveurs en Taille-douce. Des Verres triangulaires ou Prismes, utiles aux Peintres & à tous ceux qui veulent faire des expériences sur les couleurs. Des Verres propres à diminuer les objets pour les Peintres en miniature. Des Lunettes d'approche de toutes sortes à deux & à quatre verres, pour observer le Ciel, la Terre, ou la Mer. Des Lunettes de poche montées en or, en argent, & en cuivre, dorées d'or moulu, garnies de leurs étuis en Chagrin, Requien, Roussette, & façon de Chagrin. Des Microscopes de toutes sortes, grands & petits, propres à observer les parties des Solides & des Fluides, & la circulation du sang dans les Animaux, ou de la seve dans les Plantes. Des Miroirs ardens de glace

& de métal, propres à allumer du feu par le moyen du Soleil. Des Verres ardens qui produifent le même effets par réfraction. Des Miroirs qui groffiffent les objets, & qui fervent à examiner fi l'on eft rafé exactement; on les emploie auffi pour fe nétoyer les dents. Des Miroirs multiplicateurs. Des Cylindres de métal poli, avec des Cartes tracées felon les régles de l'Optique par les meilleurs Deffinateurs. Des Cônes & Cylindres à pans de métal poli. Des Perfpectives illufoires garnies de divers tableaux. Des Boëtes optiques, dites Chambres noires, propre à tracer des deffeins de Perfpectives. Des Lanternes magiques, avec toutes fortes de Grotefques peints fur le verre. Des Perfpectives amufantes, qui rappellent les objets de bas en haut, & rendent parallelles ceux qui font perpendiculaires les uns aux autres. Enfin toutes fortes d'Ouvrages qui appartiennent à la Dioptrique, ou à la Catoptrique.

TABLE

Des Titres contenus dans cet Ouvrage.

NOTIONS PRELIMINAIRES.

De

SECONDE PARTIE.

Z

Z ij

FIN.

TABLE
DES MATIERES
Contenues dans cet Ouvrage.

A.

B.

Z iv

D.

E.

F.

G.

H.

L.

Lunette de même foyer ne produit pas
toujours le même effet fur différentes perfonnes qui paroiffent également difpofées,
339 & *fuiv*.

M.

O.

P.

l'excès ou l'irrégularité de la courbure des verres , peut procurer à tout
le globe de l'œil. Et le cas dans lequel
les Lunettes peuvent être extrémement
nuifibles , c'eft lorfqu'on a haché le
criftallin avec fa capfule , (ce qui arrive
toujours, lorfque la Cataracte eft *adhe-
rente*,) plufieurs lambeaux fe trouvant
repréfentés au fond de l'œil par la furface du verre, qui au lieu d'être un moyen
de fenfation plus exacte & plus réguliere, devient par fa proximité immédiate de l'organe, un obftacle très-préjudiciable par tous les ébranlemens que
l'image de tous ces lambeaux occafionne fur la rétine.

Secondement, l'humeur vitrée ayant
pris la place de la criftalline, & étant
moins denfe qu'elle , eft plus fujette
avec le tems à devenir plus convexe;
dans lequel cas nous fommes obligés
alors de donner des verres d'un foyer
plus long que nous n'en aurions donné quinze jours après l'opération. Importante raifon de différer l'ufage des

Lunettes, pour apprendre par le tems l'espece de courbure que prendra l'humeur vitrée, pour décider d'une maniere plus sûre pour les malades le foyer des verres qui leur sera le plus avantageux.

Derniere raison. Il arrive quelquefois en abattant la Cataracte, surt-tout lorsqu'elle est *laiteuse*, une extravasion de liqueurs, qui trouble la limpidité de toute la substance de l'œil, de façon que les rayons de la lumiere ne peuvent nous donner que des images confuses des objets; il faut donc aussi attendre la clarification des liqueurs des yeux.

Je n'ai rien à dire de particulier touchant la sixiéme classe, qui est composée des personnes sujettes à cligner les yeux, si ce n'est qu'il convient de leur donner des verres concaves, qui serviront à écarter une partie des rayons dont la trop grande abondance les fatigue. Mais il faut ici, comme ailleurs, avoir égard dans le choix des verres à la force

On diſtingue dans le globe de l'œil trois membranes propres, & trois humeurs différentes.

La premiere membrane ou tunique, s'appelle la *Cornée* ; elle eſt tranſparente dans ſon milieu, & aſſez ſemblable à de la corne ; c'eſt pourquoi on la nomme *Cornée*. Le reſte de la membrane eſt opaque, & porte le nom de *Sclerotique*, ou *Cornée opaque*.

Sous cette premiere enveloppe il y en a une autre qu'on appelle *Uvée*, qui eſt de même opaque, mais qui eſt percée dans le centre d'une ouverture exactement ronde, laquelle s'élargit ou ſe retrecit, pour n'admettre que la quantité néceſſaire de rayons de lumiere. Cette ouverture s'appelle *la Prunelle*, & les fibres qui l'environnent, ſervent par leur tenſion ou par leur relachement à augmenter ou diminuer ſon diametre ; l'un ou l'autre de ces mouvemens ſont involontaires. Lorſque nous ſommes dans un lieu obſcur, la prunelle s'élargit d'elle-même, pour donner entrée à un plus grand nombre de rayons ; mais lorſque

*

nous fommes placés au grand jour, comme en plein midi, par un tems clair & ferain, cette ouverture devient plus petite, afin que l'œil ne foit pas bleffé par une trop grande abondance de lumiere. De-là il eft aifé de reconnoître la bonne ou la mauvaife difpofition d'un œil. Après avoir abaiffé la paupiere fupérieure, faites-là relever promptement : fi vous voyez alors la prunelle changer de diametre en fe retreciffant fubitement, l'œil eft fain : fi ce changement fe fait avec lenteur, la vûe eft foible : fi la prunelle eft immobile, c'eft un figne d'aveuglement.

Cette feconde membrane s'appelle *Uvée*, parce qu'elle reffemble au grain de raifin : en Latin *Uva*. Les couleurs dont elle eft enduite s'appellent *Iris*. Les uns l'ont bleue ou rouffe ; d'autres d'un gris tirant fur le verd, ou fur le noir. Le tiffu qui fert de continuation à l'Uvée, & qui tapiffe tout l'intérieur du globe de l'œil avec la Sclerotique, s'appelle *Choroïde*.

Devant & derriere l'Uvée on trouve d'abord une liqueur claire & tranfparente comme de l'eau, dans laquelle

ERRATA.

Page 3. ligne 4. A. A. en un cercle, *lisez* A. A. est un cercle.
Ibid. l. 25. passent, *lisez* passe.
Page 9. l. 14. dans la Catoptrique : *lisez* Dans la Catoptrique.
Ibid. l. 19. reflechir. L'image des objets, *lisez* refléchir l'image
  des objets.
Page 54. l. 2. lui faire, *lisez* lui fait.
Ibid. derniere ligne, en parlant, *lisez* en partant.
Page 59. l. 11. fourbure, *lisez* courbure.
Ibid. l. 12. l'arsenil, *lisez* l'arsenic.
Page 73. l. 6. la ratine, *lisez* la rétine.
Page 92. l. 18. *mettez un point après le mot* naturelle.
Ibid. l. 24. qui n'a, *lisez* qui n'ayant.
Page 95. l. 13. se placent, *lisez* se place.
Ibid. l. 16. les autres premiers, *lisez* les autres le mettent le
  premier.
Page 116. l. 9. il ne peut, *lisez* ils ne peuvent.
Page 135. l. 22 jusqu'à ce qu'il s'en augmentent, *lisez* jusqu'à ce
  qu'il en augmente.
Page 160. l. 18. *mettez une virgule au lieu du point qui est après le
  mot* l'œil.
Page 203. l. 11. très-extraordinaire, *lisez* très-ordinaire.
Page 216. l. 11. & 12. de pareilles effets, *lisez*, de pareils effets.
Ibid. l. 15. contribue, *lisez* contribuent.
Page 219. l. 13. de vêtir, *lisez* de se vêtir.
Ibid. l. 13. Cilla, *lisez* Scylla.
Page 223. l. 2. après cristallin, *ajoûtez :* celles de celui-ci con-
  duisent souvent aux Cataractes.
Page 229. l. 9. & fait, *lisez* & font.
Page 249. l. 12. & 13. Lunettes biconves, *lisez* Lunettes bicon-
  vexes.
Page 251. l. 4. Lancetiers, *lisez* Lanstiers.
Page 266. l. 18. biconves, *lisez* biconvexes.
Ibid. l. 22. des vûs, *lisez* des vûes.
Page 271. l. 12. si l'opération, *lisez*, si dans l'opération.
Page 274. l. 5. essentiel, *lisez* essentielle.
Ibid. l. 14. & à l'humeur, *lisez* & dessous l'humeur.
Page 293. l. 16. les empêche, *lisez* les empêchent.
Page 298. l. 16. qui se présente, *lisez* qui se présentent.
Page 301. l. 6. Lanscetiers, *lisez* Lanstiers.

APPROBATION.

J'AI lû par ordre de Monseigneur le Chancelier, un Manuscrit intitulé, *Traité d'Optique Méchanique, dans lequel on donne les régles & les proportions qu'il faut observer pour faire toutes sortes de Lunettes d'Approche, Microscopes simples & composés, & autres Ouvrages qui dépendent de l'Art. Avec une Instruction sur l'usage des Lunettes ou Conserves pour toutes sortes de vües,* par M. Mitoufflet Thomin, *Ingénieur en Optique, de la Société des Arts,* & je crois que l'Impression en sera utile au public. A Paris ce 29. Juin 1749.

CLAIRAULT
de l'Académie Royale des Sciences.

PRIVILEGE DU ROI.

LOUIS par la grace de Dieu, Roi de France & de Navarre : A nos amés & féaux Conseillers les Gens tenans nos Cours de Parlement, Maîtres des Requêtes ordinaires de nôtre Hôtel, Grand-Conseil, Prévôt de Paris, Baillifs, Sénéchaux, leurs Lieutenans Civils, & autres nos Justiciers qu'il appartiendra, SALUT. Notre amé le Sieur ** Nous a fait exposer qu'il desireroit imprimer & donner au Public un Ouvrage qui a pour titre, *Traité d'Optique Méchanique, dans lequel on donne les régles & les proportions qu'il faut observer pour faire toutes sortes de Lunettes d'approche, Microscopes simples & composés, & autres Ouvrages qui dépendent de l'Art. Avec une Instruction sur l'usage des Lunettes ou Conserves pour toutes sortes de vües,* par M. Mitoufflet Thomin, *Ingénieur en Optique, de la Société des Arts :* s'il Nous plaisoit lui accorder nos Lettres de Privilege pour ce nécessaires. A CES CAUSES, voulant favorablement traiter l'Exposant, Nous lui avons permis & permettons parces Présentes, de faire imprimer ledit Ouvrage en un ou plusieurs Volumes, & autant de fois que bon lui semblera, & de le faire vendre, & débiter par tout notre Royaume pendant le tems de *trois années consécutives,* à compter du jour de la date des Présentes. Faisons défenses à tous Libraires, Imprimeurs, & autres personnes de quelque qualité & condition qu'elles soient, d'en introduire d'impression étrangére dans aucun lieu de notre obeïssance, A la charge que ces Présentes seront enregistrées tout au long sur le Registre de la Communauté des Libraires & Imprimeurs de Paris, dans trois mois de la date d'icelles ; que elle baigne, qu'on nomme pour cette raison, *humeur aqueuse*.

Au-delà & vis-à-vis de la prunelle, il y a un corps pareillement diaphane, mais solide comme du cristal ; il s'appelle *Cristallin*, & sa figure ressemble à une lentille.

Après le Cristallin la cavité de l'œil se trouve remplie d'une humeur claire & luisante, dont la consistance tient le milieu entre la fluidité de l'humeur aqueuse, & la solidité du Cristallin ; & parce qu'elle est assez semblable à du verre fondu, on la nomme *humeur vitrée*.

Enfin le fonds de l'œil est tapissé d'une membrane noirâtre extrémement délicate, qu'on croit être une expansion du nerf optique. On l'appelle *Rétine*, parce qu'elle est composée de fils très-déliés, entrelassés comme une espece de retz ou filet.

L'œil a une figure à peu près orbiculaire ; il est enchassé dans une emboëture osseuse, comme dans un moule qu'il remplit entiérement, garni de ses muscles & de ses graisses, & où il se meut

néanmoins avec une facilité & une viteſſe prodigieuſe, afin de ſe porter vers
les différens objets, ſans que nous ſoyons
obligés de trop remuer la tête.

Les mouvemens de l'œil s'exécutent
par le moyen de ſix muſcles. Le premier ſert à élever l'œil ; le ſecond à l'a-
baiſſer ; le troiſiéme dirige cet organe
vers le nez ; le quatriéme le ramene vers
l'extrémité appellée le coin de l'œil,
ou *Canthus* ; les deux derniers le meuvent obliquement. Si ces derniers muſcles agiſſent avec une force égale, nos
regards ſont droits & réguliers ; mais
ſi l'un des deux a plus de vigueur que
l'autre, il nous oblige à regarder les objets de travers, ce qu'on appelle loucher. Il faut encore remarquer que les
muſcles s'allongent pour recevoir diſtinctement l'image des objets voiſins,
& qu'ils ſe raccourciſſent lorſque nous
conſidérons les objets éloignés.

Définition de la vûe.

La vûe eſt un ſens ou une faculté de
diſcerner les objets corporels par le

par la perte du criftallin beaucoup plus baffe que celles des perfonnes les plus avancées en âge. Je n'en ai encore trouvé aucune, qui après l'opération put lire ou écrire une ligne facilement fans ce fecours ; & j'en ai vû plufieurs pour qui ces fortes de Lunettes étoient préjudiciables, auxquelles j'ai confeillé de fe bien donner de garde de leur ufage , & de profiter de cette nouvelle vûe, quoique foible, que l'opération feule avoit été capable de leur procurer.

Les verres convexes conviennent donc aux vûes courtes , comme aux vûes longues dans le cas de la Cataraĉte abattue. L'opération de la Cataraĉte n'étant autre chofe que l'abaiffement ou la dépreffion de la lentille du criftallin ; l'humeur vitrée prenant alors la place de la criftalline d'une maniere conforme à fa figure lenticulaire, en exerce les fonĉtions, & retablit par conféquent la vûe ; la trop grande convexité naturelle de cette humeur criftalline n'eft donc plus un obftacle à l'ufage des verres convexes. On pourra leur en fournir depuis 4 pouces de foyer jufqu'à 18 lignes pour les plus foibles. S'il y a quelques vûes qui demandent de la régularité pour la courbure des verres, c'eft fans contredit, celles qui ont fouffertes l'opération de la Cataracte. L'Opticien doit fe fouvenir que dans pareil cas, fon verre doit être pour ces perfonnes-là un criftallin artificiel, qui doit par conféquent avoir toute la perfection dont l'art foit capable, autrement il courra les rifques de faire remonter la Cataracte, comme je vais le prouver, & faire perdre le fruit d'une opération quelquefois bien faite.

Quand j'exige qu'on ne donne des Lunettes aux perfonnes opérées que trois mois après l'opération, c'eft pour plufieurs raifons.

Premierement, c'eft que les Lunettes peuvent occafionner le retour de la Cataracte, par la contraction que

l'impreſſion dudit Ouvrage ſera faite dans notre Royaume &
non ailleurs, en bon papier & beaux caractères, conforme-
ment à la feuille attachée pour modèle ſous le contre-ſcel deſdites
Préſentes, que l'impétrant ſe conformera en tout aux Régle-
mens de la Librairie ; & notamment à celui du 10. Avril 1725.
qu'avant de l'expoſer en vente, le Manuſcrit qui aura ſervi de
copie à l'impreſſion dudit Ouvrage, ſera remis dans le même
état où l'Approbation y aura été donnée, ès mains de notre
très - cher & féal Chevalier le ſieur DAGUESSEAU, Chancelier
de France, Commandeur de nos Ordres ; & qu'il en ſera enſuite
remis deux Exemplaires dans notre Bibliotheque publique, un
dans celle de notre Château du Louvre, & un dans celle de
notredit très cher & féal Chevalier le Sieur DAGUESSEAU, Chancelier de France, le tout à peine de nullité des Préſentes. Du
contenu deſquelles vous mandons & e joignons de faire joüir
ledit Expoſant ou ſes ayans cauſe, pleinement & paiſiblement,
ſans ſouffrir qu'il leur ſoit fait aucun trouble ou empêchement.
Voulons qu'à la copie deſdites Préſentes qui ſera imprimée tout
au long au commencement ou à la fin dudit Ouvrage, foi
ſoit ajoûtée comme à l'Original. Commandons au premier notre Huiſſier ou Sergent ſur ce requis de faire pour l'exécution d'i-
celles tous Actes requis & néceſſaires, ſans demander autre per-
miſſion. & nonobſtant Clameur de Haro, Charte Normande,
& Lettres à ce contraires. Car tel eſt notre plaiſir. DONNE' à
Paris le 30. jour du mois d'Août. l'an de grace mil ſept cent
quarante neuf, & de notre Regne le trente-quatriéme. Par le
Roi en ſon Conſeil.

S A I N S O N.

*Regiſtré ſur le Regiſtre XII. de la Chambre Royale & Syndicale
des Libraires & Imprimeurs de Paris, numero 216. folio 201.
conformément au Réglement de 1723. qui fait défenſe art. 4. à
toutes perſonnes de quelque qualité qu'elles ſoient, autres que les
Libraires & Imprimeurs de vendre, débiter & faire afficher au-
cuns Livres pour les vendre en leurs noms, ſoit qu'ils s'en diſent
les Auteurs ou autrement, & à la charge de fournir à la ſuſdite
Chambre huit Exemplaires preſcrits par l'art. 108. du même Re-
glement. A Paris ce 2. Septembre 1749.*

G. C A V E L I E R, *Syndic.*

Le Relieur aura ſoin de placer les quatre Planches à la fin du Volume.

Figure 1re.
F. 2.
F. 3.
F. 4.
F. 5.
F. 6.
F. 7.
F. 8.
F. 9.
F. 10.
F. 11.
F. 12.
F. 13.
F. 14.
F. 15.

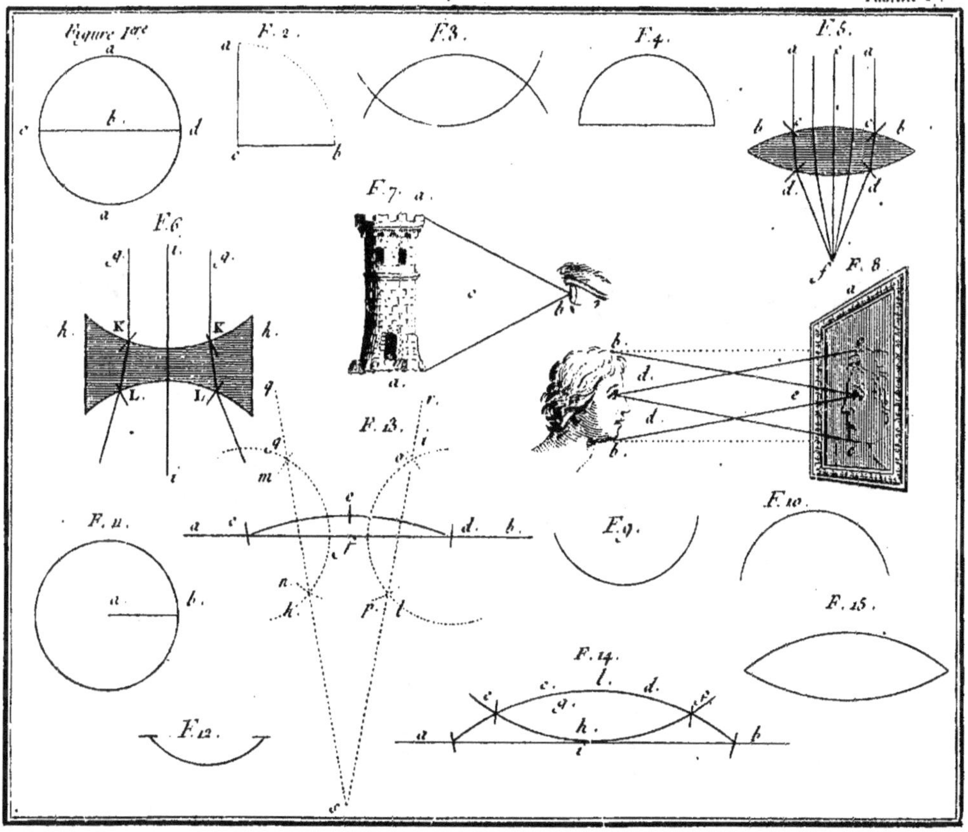

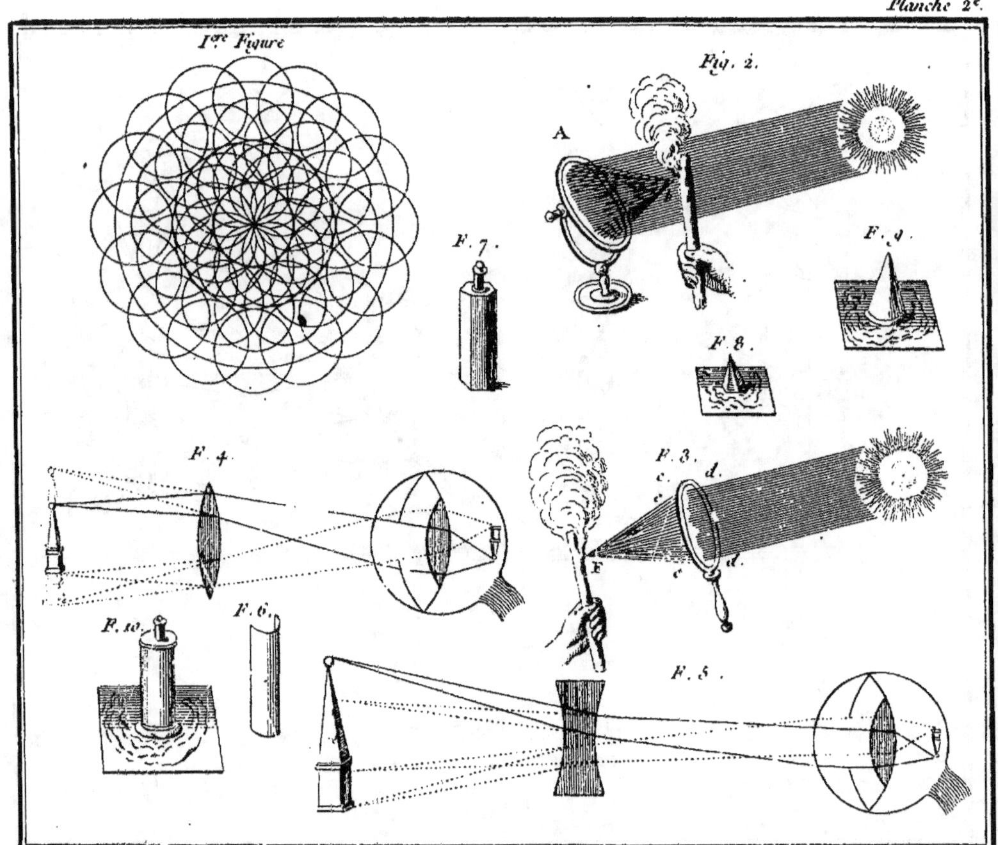
1ʳᵉ Figure
Fig. 2.
A
F. 7.
F. 9.
F. 8.
F. 4.
F. 3.
c
d
e
F
c
d
F. 10.
F. 6.
F. 5.

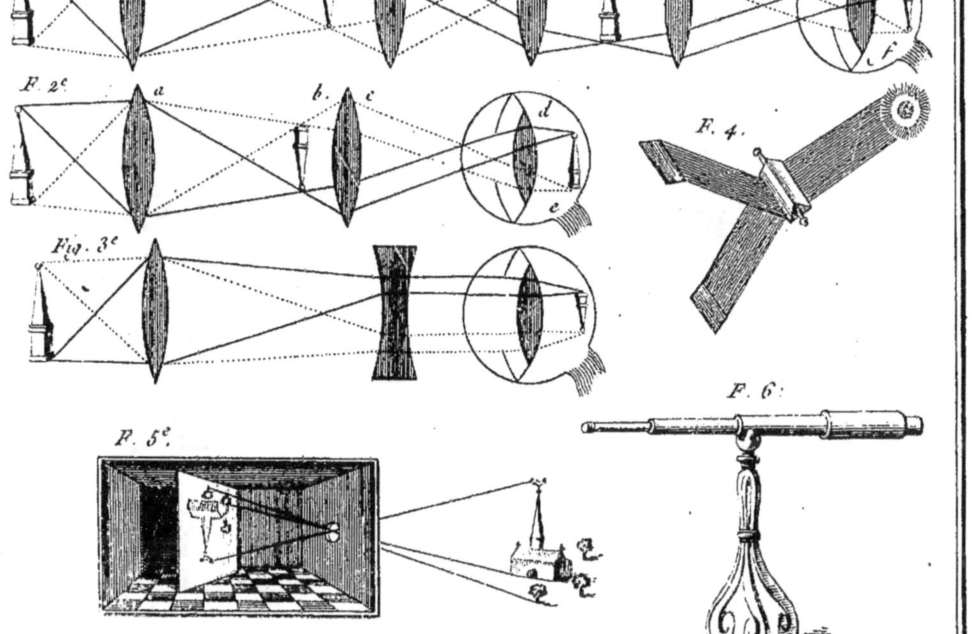
Planche 3.e
Figure 1.ere
a
b
c
d
e
f
F. 2.e
a
b
c
d
e
Fig. 3.e
F. 4.
F. 5.e
F. 6.

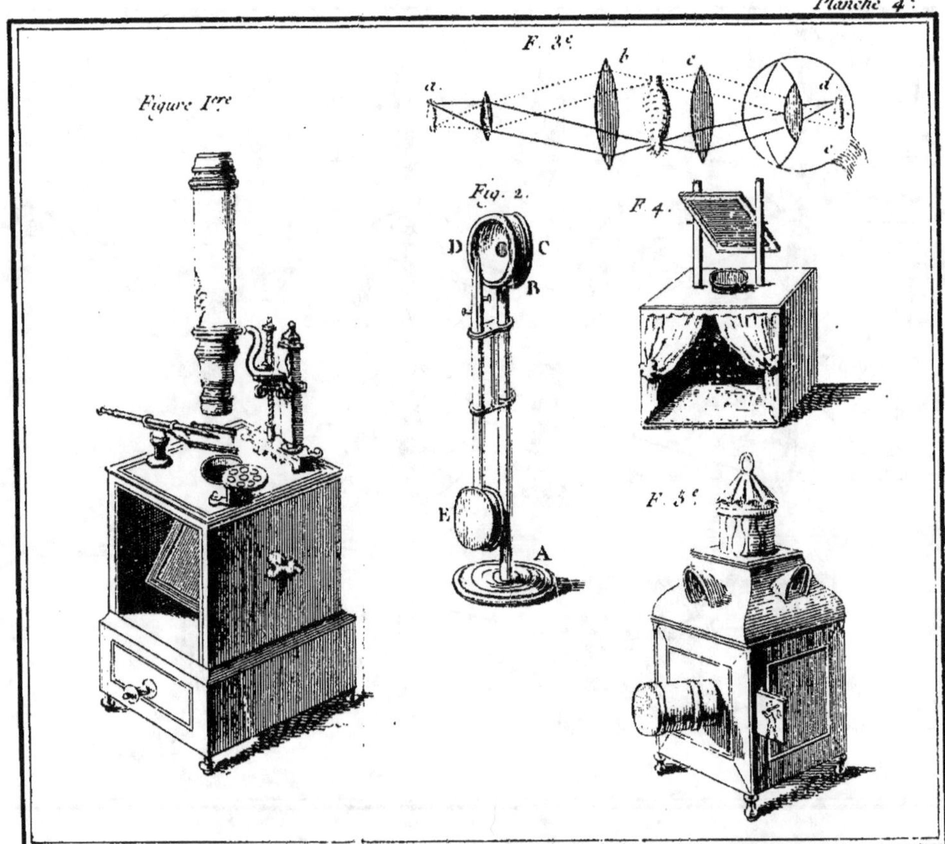

Planche 4.
Figure 1ere
F. 3e
a
b
c
d
e
Fig. 2.
D C
B
E
A
F. 4.
F. 5e